U0380081

高祥生中外建筑·环境设计赏析

——金陵盛景·六朝新貌（上）

高祥生 著

东南大学出版社
SOUTHEAST UNIVERSITY PRESS
·南京·

序 / PREFACE

得知高祥生教授将要出版《高祥生中外建筑·环境设计赏析——金陵盛景·六朝新貌》专著，可喜可贺！高祥生老师曾先后荣获"全国有成就资深室内建筑师""中国室内设计杰出成就奖"等三个协会和学会的最高奖，是中国建筑室内设计和环境艺术专业的著名学者和重要领军人物。

他从事建筑教育四十多年，桃李满天下。高老师给人们的突出印象就是专研和勤奋，他先后出版各类论著、教材等四十余部，内容主要涉及基础教学、装饰环境制图、装饰构造、室内陈设等等。在专业建设方面，高老师曾参与编制国家标准一部，主持并完成行业标准两部、江苏省住房和城乡建设厅标准九部、团体标准一部。高老师的团队是建筑类高校中研制和编撰标准最多的研究团队，他主编的《住宅室内装饰装修设计规范》《建筑装饰装修制图标准》在专业和业界产生了广泛的学术影响，推动了住宅室内设计和装修的行业发展。不仅如此，高老师还非常注意理论联系实际和产学研结合。他曾完成大量的室内设计和建筑装修工程，无论单体大小、项目等级和规格，抑或费用多少，他都兢兢业业、认真对待，争取做到最好，赢得社会和用户的好评。《高祥生中外建筑·环境设计赏析——金陵盛景·六朝新貌》一书，集合了东南大学参加设计的诸多建筑景观和景点的摄影创作作品，包括胡家花园、汤山矿坑公园、静海寺、阅江楼、园博园、芥子园、牛首山、白鹭洲公园和夫子庙的诸多建筑，这些摄影作品从一个侧面反映了南京市新中国成立后所取得的成就。

1839 年，达盖尔发明的银版摄影法问世，开启了现代摄影的历史进程。摄影作为一门艺术，重要的是记录下自然景象、时代变迁、社会变化中的"决定性瞬间"。我们过去用胶片拍摄冲洗，今天则更多采用数码相机的 RAW 或者 TIFF 及 JPEG 图片格式记录，相比传统的银盐胶片，今天的数字影像显然更加方便交流展示和保存。高祥生将他数年来拍摄的南京市的图片精选成册，他相机镜头下的一张张图片，反映了定格在一个时期的南京建筑和景区样貌，倾注了高老师的心血和努力，他真心希望南京在人们的认知和记忆中不仅仅是一幅幅美丽的图像，而且还希望让大家感受到南京悠久的历史文化和现代化面貌。多少年后，无论南京建筑环境发生了多大的变化，当人们需要了解 2018 年至 2022 年期间南京的建筑面貌时，都可以找《高祥生中外建筑·环境设计赏析——金陵盛景·六朝新貌》一书的图片作参考。

衷心祝愿高老师永葆艺术青春！

中国工程院院士、原东南大学建筑学院院长

2023 年 5 月

目 录 / CONTENTS

烈士就义群雕　高祥生工作室摄于 2022 年 4 月

雨花台南入口巨石　高祥生工作室摄于 2022 年 4 月

一、纪念性建筑

1. 英烈千古、浩气长存的雨花台烈士陵园

　　传说，南梁初年，高僧云光法师曾在此设坛说法，因内容精彩，感动佛祖，顷刻间天上落花如雨，因此得名"雨花台"。

　　从 1927 年蒋介石发动"四一二"政变叛变革命到 1949 年新中国成立前夕，雨花台变成了国民党屠杀中国共产党党员和爱国人士的刑场。在这 22 年中，约有 10 万的共产党人、工人、农民、进步知识分子等革命志士、爱国人士在此被杀害，壮烈牺牲，那时的雨花台洒满了烈士们的鲜血。

　　1950 年，南京人民为了纪念革命先烈，在雨花台兴建了达 1.13 平方千米的雨花台烈士陵园。

雨花台烈士纪念馆　高祥生工作室摄于 2022 年 4 月

　　1980 年，雨花台烈士陵园管理处向全国建筑设计部门和专家、学者征集雨花台烈士纪念碑设计方案，数百名建筑师参与完成的雨花台纪念碑的设计方案共 578 件。诸多著名建筑师如南京工学院（现东南大学）建筑学的钟训正院士、郑光复教授、张志忠教授、杨文俊教授、杨永龄教授等（有许多参赛者我记不清了）都提供了优秀的作品。最终由齐康院士综合方案，完成施工图。

　　陵园中有广场、纪念馆、纪念桥、革命烈士纪念碑、北殉难处烈士大型雕像、北大门以及西殉难处烈士墓群、东殉难处烈士墓群、纪念亭等。

　　陵园的北大门，由著名建筑大师杨廷宝院士设计，大门朝向城市干道，其感觉庄重、大方，大门尺度与陵园入口的广场及背景尺度匹配。进入北大门为宽敞的广场，广场可举办大型纪念活动。广场的端头是巨型烈士雕塑群像。这组群像共塑造了 9 位革命烈士就义前的坚贞不屈的形象，其中有党的工作者、工人、战士、农民、学者、学生、报童等，表现出革命者视死如归和临危不惧的气概。雕像周围松柏常青，象征着革命烈士的忠魂永垂不朽。雕像由我国著名的雕塑大师刘开渠先生主持设计。

纪念馆的形体端庄、肃穆、简明且不单薄，丰富而不琐碎。雨花台烈士纪念馆，是一组"凹"型平面的两层浅灰色花岗石饰面的后现代风格的建筑，长94米，宽50米，主楼高30米。纪念馆坐落在主峰南面的山丘上，纪念馆建筑的东西长92米，南北长49米，中间为主堡。纪念馆外立面庄严肃穆，纪念馆内陈列着烈士的遗物、遗像和文物史料。纪念馆横向距离100多米，中部及两端突出为雅俗共赏的后现代风格，纪念馆由杨廷宝院士、齐康院士等设计。纪念馆的入口大厅与主体纪念碑、水池、纪念亭等一系列构筑物布置在一条中轴线上，建筑群的布局具有对称性、严肃性和纪念性。

雨花台烈士陵园倒影池　高祥生工作室摄于2022年4月

雨花台烈士陵园雕塑（一）　高祥生工作室摄于 2022 年 4 月

雨花台烈士陵园雕塑（二）　高祥生工作室摄于 2022 年 4 月

雨花台烈士陵园雕塑（三） 高祥生工作室摄于 2022 年 4 月

雨花台烈士陵园雕塑（四） 高祥生工作室摄于 2022 年 4 月

雨花台烈士纪念馆室内（一） 高祥生工作室摄于 2022 年 5 月

雨花台烈士纪念馆室内（二） 高祥生工作室摄于 2022 年 5 月

雨花台烈士纪念碑（一） 高祥生工作室摄于 2022 年 4 月

雨花台烈士纪念碑（二） 高祥生工作室摄于 2022 年 4 月

雨花台烈士纪念碑（三） 高祥生工作室摄于 2022 年 4 月

　　陵园主峰上矗立着革命烈士纪念碑。整个纪念碑由碑额、碑身、碑座三个部分组成。纪念碑矗立在雨花山的主峰上，碑高为 42.3 米，寓意为南京解放的纪念日，纪念碑顶部的造型为一尊倒扣的钟，寓意为警钟长鸣。纪念碑前方为纪念广场，建有倒影池、纪念桥等。倒影池两端用花岗岩砌造了两面形似红旗的壁面，壁面上分别以汉、蒙、回、藏、维吾尔 5 种文字镌刻着《国际歌》和《中华人民共和国国歌》。

　　整个陵园苍松似海、翠竹成林。建筑物肃穆端庄，雕塑庄严且富有力感，充分表现了纪念馆建筑的特质和环境气氛。

　　2016 年 9 月经国务院批准，雨花台烈士陵园被列入民政部公布的第六批新增 96 处国家级烈士纪念设施名单并入选"首批中国 20 世纪建筑遗产"名录。

　　南京雨花台烈士陵园为目前全国最大的纪念性陵园。

梅园新村纪念馆（一） 高祥生摄于 2020 年 3 月

2. 梅园新村纪念馆

　　位于南京市玄武区汉府街 18-1 号，该馆由汉府街 18-1 号的新馆址和梅园新村 17 号、30 号、35 号 4 处组成。1946 年 5 月至 1947 年 3 月，以周恩来为首的中共代表团曾在此办公和居住。新馆是一座颇具地方特色的二层现代建筑，庭院中正对大门立着周恩来全身铜像，表现了周恩来的革命家风度。一楼展厅中间是一块高 6.5 米、宽 3.3 米的大型汉白玉浮雕，上面刻着代表团成员和工作人员群像。

梅园新村纪念馆（二） 高祥生摄于 2020 年 3 月

梅园新村纪念馆（三） 高祥生摄于 2020 年 4 月

梅园新村纪念馆（四） 高祥生摄于 2020 年 4 月

梅园新村纪念馆（五） 高祥生摄于 2020 年 9 月

梅园新村纪念馆（六） 高祥生摄于 2020 年 9 月

梅园新村纪念馆（七） 高祥生摄于 2020 年 9 月

梅园新村纪念馆（八） 高祥生摄于 2020 年 3 月

梅园新村纪念馆（九） 高祥生摄于 2020 年 3 月

梅园新村纪念馆（十） 高祥生摄于 2020 年 3 月

梅园新村纪念馆（十一） 高祥生摄于 2020 年 3 月

侵华日军南京大屠杀遇难同胞纪念馆（一）　高祥生摄于 2019 年 11 月

3. 侵华日军南京大屠杀遇难同胞纪念馆

　　位于南京市建邺区水西门大街 418 号，又称江东门纪念馆，选址于南京大屠杀江东门集体屠杀遗址及遇难者丛葬地，是中国首批国家一级博物馆，首批全国爱国主义教育示范基地，也是国际公认的二战期间三大惨案纪念馆之一。

侵华日军南京大屠杀遇难同胞纪念馆（二） 高祥生摄于 2019 年 11 月

侵华日军南京大屠杀遇难同胞纪念馆（三） 高祥生摄于 2019 年 11 月

侵华日军南京大屠杀遇难同胞纪念馆（四） 高祥生摄于 2019 年 11 月

侵华日军南京大屠杀遇难同胞纪念馆（五）　高祥生摄于 2019 年 11 月

侵华日军南京大屠杀遇难同胞纪念馆（六） 高祥生摄于 2019 年 11 月

侵华日军南京大屠杀遇难同胞纪念馆（七） 高祥生摄于 2019 年 11 月

侵华日军南京大屠杀遇难同胞纪念馆（八） 高祥生摄于 2019 年 11 月

侵华日军南京大屠杀遇难同胞纪念馆（九） 高祥生摄于 2019 年 11 月

侵华日军南京大屠杀遇难同胞纪念馆（十） 高祥生摄于 2019 年 11 月

侵华日军南京大屠杀遇难同胞纪念馆（十一） 高祥生摄于 2019 年 11 月

在鬼脸石的下方有一汪水塘，正映照着上部的"鬼脸"　高祥生摄于 2021 年 5 月

二、文化类建筑

1. 石头城

（1）石头城的释义

　　我最早知道石头城一说是读毛泽东主席的《七律·人民解放军占领南京》一诗后知晓的，诗中有"虎踞龙盘今胜昔"的诗句，并有注解"虎踞"一词就是指南京石头城雄踞一方。古代在南京的清凉山的西侧曾有一座城堡，这城堡就叫石头城。很多文学作品中讲的"石头城"也是指南京城。后来我知道南京的清凉山也叫石头山，简称"石城"。

饱经风霜的城墙与春意盎然的环境　高祥生摄于 2020 年 3 月

（2）石头城的兴起

　　石头城的历史可上溯至公元前 4 世纪的战国中期，当时楚威王消灭越国，占领吴国后即在南京的清凉山的西侧修筑一座城邑，因城邑位于紫金山下，故名称金陵邑。公元 3 世纪，相传三国时蜀国丞相诸葛亮策马经金陵，观地势后赞叹金陵城"虎踞龙盘，此乃帝王之气"。吴国孙权大帝听取诸葛亮进谏后，决定迁都秣陵（南京的旧称）并于清凉山（石头城）修建城垣，作为抗水上敌人之要塞。

明代在石头城的原址位置复建的城垣和环境　高祥生摄于 2020 年 3 月

　　石头城是南京最古老的城垣，它利用山体和堆土作基础和内部构造，用城砖、石块作城墙的饰面材料。现在在地面上已找不到由东吴孙权大帝所建的石头城遗迹了，能见到的只是明初修建的石头城和现在兴建的石头城公园。也因现在的城墙中有一块酷似"鬼脸"的怪石，所以民间称它为"鬼脸石"；因有鬼脸石的城墙仅在原石头城旧址稍作南迁，而原石头城位置又难以寻找，故此位置既叫"鬼脸城"也叫"石头城"。

　　现代考古判断：原石头城经清凉山、乌龙潭至国防园。石头城北垣长约 1100 米，西垣长约 800 米，东垣长约 820 米，南垣长约 450 米，加在一起共 3000 多米。石头城的工事坚固，内部的古代战事功能齐全。

在清凉山建造石头城，从战略上讲，因其面江背山，具有易守难攻的优势。（因来犯者大都从西北面水上进入），从风水上说抱阴（江水）、守阳（山丘），必助兴旺。石头城的地理位置形成的天然港湾可容纳平时千艘船只停泊。在六朝时期，东南亚诸国纷纷云集石头城经商贸易，最多时各国各种船只达万余艘。一时间，石头城内车水马龙，人头攒动，热闹非凡。这种景象即使是在东吴帝国消亡后的隋朝、唐初，石头城仍是南京地区的繁华中心，其景象甚至胜洛阳。

现在还能找到历史上的燕王河　高祥生摄于 2020 年 3 月

明代复建的城垣中包裹着一块椭圆形、绛红色的怪石　高祥生摄于 2020 年 3 月

（3）东吴帝国的消亡

东吴的孙权大帝是一位杰出的政治家，他为东吴帝国的建立和繁荣，形成蜀、吴、魏三国鼎立的局面，以及长江流域的经济发展，为吴文化的繁荣和民族文化的交流等都作出过重要贡献。但孙权晚年在继位上的犹豫多疑和失之偏颇，成为东吴帝国政权消亡的间接原因。东吴帝国自公元 229 年建国至公元 280 年消亡共 51 年，孙权执政 50 余年，称帝 24 年。

孙权活了 70 岁。孙权去世后，先由幼子孙亮继位，后其兄孙休称帝，最后再由孙权之孙、孙和长子孙皓继位。孙皓是东吴帝国的最后一位皇帝，换一句话说就是东吴帝国就是在他执政时灭亡的。孙皓生性残暴，滥杀无辜，滥施酷刑，且酒色无度，荒诞离谱，造成群臣众叛亲离。

公元 279 年，晋武帝派出水军约 20 万，兵分三路进攻吴国。大将王濬率水军烧毁了吴国在江上拦截的铁链，然后战称归，平建业。吴国水军见状，纷纷投降，而此时的孙皓则脱掉衣服，命人将自己反绑，再抬着棺材，牵着素马，出城投降。孙皓认输了，彻彻底底地认输了。孙权是一位英雄豪杰，而其孙孙皓则是残酷的暴君、懦弱的亡国之君。

东吴灭亡后，石头城仍具有重要的军事地位，此后的石头城至少经过三次大规模的修缮，我们所见的鬼脸城为明初筑建京城清凉山时完成的。

（4）石头城的衰落

石头城衰落的主要原因应是自然环境的变迁。唐朝初期长江干流日渐向西北方向迁移，北宋以后在原石头城的西北面已形成一片浅滩平地，其位置就是现在的南京河西地区。从唐朝起石头城逐渐失去往日面江背山、雄踞江岸、扼守城池的军事优势。

明朝初期兴建京城，将石头城稍迁南侧，并入京城城垣。

修建后的石头城中包裹着一块怪石。根据我们现场测绘，怪石高约 22 米，底宽约 16 米，凸出城墙面平均尺寸约为 4 米，这怪石因经长年风化，砾石剥落，形状嶙峋、狰狞，酷似鬼脸，表面坑坑洼洼，斑斑点点。所以民间称此段城墙为"鬼脸城"。所以说从明代起由孙权兴建的石头城已逐步消失，而从"石头城"到"鬼脸城"称谓的变化，也表明了原石头城的衰落。

（5）石头城公园

20 世纪 90 年代初，南京市政府兴建了石头城公园。现在人们要想看历史上的石头城面貌也只能在公园中寻访、推测了。

石头城公园的主题是"石城怀古"，公园划分为国防春晓、石城霁雪和山居秋暝三大景区，设 21 个景点。对于这些世俗的景致，我通常不感兴趣，我只对石头城的原貌，对石城霁雪中"鬼脸照镜"这些景致有兴趣关注。

石头城公园的城墙应是明初兴建的，城墙从南京体育运动学校到清凉门大约有 1 公里，城墙的平面歪歪扭扭，城墙的立面坑坑洼洼，斑斑驳驳，像人的垂暮之年的脸。城墙上时有绿色的灌木伸出，坚韧、顽强，充满生命力，城墙脚下是绿色的混合草坪，春天来了，它又重新换了新的绿茵。城墙、绿植、草坪又似乎在与新的一年对话。

我很想知道当初孙皓被反绑下城楼的位置，很想感受一下刘禹锡诗中"千寻铁锁沉江底，一片降幡出石头。人世几回伤往事，山形依旧枕寒流"的情景，但现在再也无法找到，只能

臆想着城墙上的"鬼脸"仿佛就是孙皓的写照。"鬼脸"的形象是丑陋的，怪诞的，哭丧的，而倒映在水塘上的"鬼脸"更是变形的，恍惚的，破碎的。……我厌恶这张丑陋的脸。

我注视着眼前的水塘和水塘边游憩的人们，水塘不大，有 1000 多平方米，其面积与鬼脸石的位置对应，水塘的岸驳很有园林的特色，叠石参差，绿荫水岸，水塘是清澈、透明的，人们伫立在岸边似乎还能看到水中的小鱼小虾连同塘底的杂物。岸边有青年情侣拍照的，有用网兜捞鱼的，也有练拳的、散步的……

水塘的南边是直奔长江的秦淮河，河岸边杨柳万千，河浪前呼后拥，河水缓缓而行；在岸边也能听到河水喘息的声音，他们似乎在诉说着石头城的千年沧桑。

历史已进入 21 世纪，我伫立在石头城下，遥望河西的楼宇、道路、广场、绿植，心想倘若诸葛武侯健在，定会惊叹"沧海桑田、曾几何时"。

滚滚长江东流，留下身后平地万顷，拔起广厦万间　高祥生工作室摄于 2021 年 2 月

　城墙表面皱皱巴巴，城墙脚下绿草如茵，展示石头城的功过是非　高祥生摄于 2021 年 7 月

　城墙的表面坑坑洼洼，斑斑点点，书写着石头城千年历史　高祥生摄于 2020 年 3 月

在鬼脸石下方有一汪"鬼脸照镜子"的水塘，成了现今人们戏水、踏春的去处
高祥生摄于 2020 年 3 月

明代在石头城的原址位置复建的城垣已沧桑累累　高祥生摄于 2020 年 3 月

秦淮河水缓缓流淌，河岸边高楼林立　高祥生工作室摄于 2021 年 5 月

文化乌龙潭公园（一） 高祥生摄于 2021 年 1 月

2. 文化名园乌龙潭

　　乌龙潭在六朝时乃是南京水系入江的一段通道，明洪武年间修筑南京城垣时，将乌龙潭围入城内。相传因某年六月十五日潭中出现乌龙而得名。明时，乌龙潭水域广阔，水深莫测。

　　现在的乌龙潭公园位于南京市城西东麓，乌龙潭原名清水大塘、芙蓉池。在南京诸多的公园中，乌龙潭公园的面积比不上玄武湖公园、莫愁湖公园，甚至也比不上胡家花园、白鹭洲公园，其景致不及瞻园、芥子园。但说起园林内的文化渊源来，乌龙潭的文化积淀和文化故事胜过南京的任何一个公园。当然现在的乌龙潭公园也是修整成了漂漂亮亮的风景区。

　　乌龙潭以一块清水大塘为主，占地约 5 公顷。现在的乌龙潭面积不大，但乌龙潭中亭台榭阁，错落有致；花木扶疏，四季常青。清水大塘中有紫菱洲和芙蓉洲南北相望，遥相呼应，成为清水大塘中的两个瞩目的景观点。但乌龙潭的特色还是文化景点。

　　公园的入口处有颜真卿纪念馆和曹雪芹纪念馆面湖而立，湖面波光粼粼，湖岸上的各种植物簇拥着中式的廊、榭、山石，增添了江南园林的气氛。这种以两个文化大家纪念馆放置在公园入口处的规划，无疑是给公园增添了文化的浓墨重彩。

文化乌龙潭公园（二） 高祥生摄于 2021 年 1 月

千百年来，乌龙潭先后有颜真卿、黄虞稷、吴敬梓、曹雪芹、袁枚、陶澍、魏源、薛时雨、缪荃孙等文化大家或到访这里或居住在这里。在这里有魏源曾受林则徐的委托撰写过影响中国思想发展的《海国图志》，在这里有袁枚的《随园诗话》等文学巨著，甚至有考证认为曹雪芹的《红楼梦》、吴敬梓的《儒林外史》也与乌龙潭有缘。

我饶有兴致地粗略地了解过乌龙潭与诸多文化大家的关系，大致情况如下：

（1）放生庵与颜鲁公祠

唐代书法大师颜真卿曾在任升州（现南京）刺史时上书朝廷，陈述放生的功德，得准予后即命人在全国兴建 81 个放生庵，而乌龙潭是当时全国最大的放生庵。该放生庵曾于宋、明、清时期几度修缮，太平天国时期被毁，1988 年重建，面积不大，放生庵中有唐宋时期的门额。为纪念颜真卿，乌龙潭中设有颜鲁公祠，祠内刻有多块古碑与一口放生井，供人们瞻仰。

颜真卿书画院 高祥生摄于 2021 年 1 月

（2）曹雪芹与大观园

清以后，历任江宁织造的曹家买下吴氏园，并在其基础上不断扩展，使之成为远近闻名的"织造府花园"。雍正五年（1727），曹家因事获罪，家产落入继任江宁织造的隋赫德手中，曹织造园就成了隋织造园。乾隆十年（1745）袁枚买下荒园故址，易隋为随，为随园也。随园在太平天国时期被辟为稻田。

关于《红楼梦》和随园的关系，曹雪芹的姻亲富察明义在《题红楼梦》诗中云："曹子雪芹，出所撰《红楼梦》一部，备记风月繁华之盛，盖其先人为江宁知府，其所谓大观园者，即今随园故址。"袁枚在《随园诗话》中也说："雪芹撰《红楼梦》一部，备记风月繁华之盛，中有所谓大观园者，即余之随园也。"

《红楼梦》中大观园的园址，虽然有多种说法，但笔者倾向乌龙潭就是《红楼梦》中大观园的原型的说法。方苞的后人方策和作家张爱玲共同认为《红楼梦》中大观园的原型，乌龙潭就是其中一部分。有关这方面的理由，我不是红学专家，故不作赘述。但现在乌龙潭中建有曹雪芹纪念馆和镌刻曹雪芹的坐姿雕像，似乎也确认这里就是《红楼梦》中大观园的一部分。

曹雪芹纪念馆（一）　高祥生摄于 2021 年 1 月

曹雪芹纪念馆（二）　高祥生摄于 2020 年 3 月

魏源故居　高祥生摄于 2021 年 2 月

（3）魏源与乌龙潭

魏源是湖南人，后居住在南京，他是中国人引以为傲的思想家。他被外国人称为第一个睁眼看世界的中国人。

魏源在南京的故居建在乌龙潭公园边的龙蟠里，魏源的后半生在此居住。故居原名为"湖干草堂"，后更名为"小卷阿"，取《大雅》的篇名，取意于"卷者曲也，阿者大也"之句。故居为砖木结构，三进九间。魏源后半生就在此居住并著书立说，完成了影响世界发展并直接促进日本的明治维新成功的巨著《海国图志》。

魏源在南京的故居因后来家道逐渐衰落而逐渐毁坏，至 20世纪 50 年代魏源故居大都被拆毁殆尽，仅存两间瓦房，现作为南京市文物保护单位。

（4）方苞与教忠祠

乌龙潭边的龙蟠里中段有清初兴建的方氏教忠祠。桐城派大家方苞寓居南京时，常在教忠祠小住，并为私塾中学生上课。

桐城派散文在清初的文坛上独树一帜，颇具影响。

魏源雕像　高祥生摄于 2020 年 3 月

陶澍和魏源雕像　高祥生摄于 2020 年 3 月

袁枚雕像　高祥生摄于 2020 年 3 月

方苞雕像（一）　高祥生摄于 2020 年 3 月

方苞雕像（二）　高祥生摄于 2020 年 3 月

惜阴书院　高祥生摄于 2021 年 2 月

（5）陶澍与惜阴书院

　　陶澍是清代的两江总督，陶澍在南京的故居在现龙蟠里 9 号。陶澍在园内辟建书院，书院名称为"惜阴书舍"，后曾国藩在修缮书舍后改名为"惜阴书院"。

　　洋务运动后两江总督端方在惜阴书院的旧址上建立江南图书馆，并为图书馆买下杭州"八千卷楼"嘉惠堂的藏书 8000 余种 60 万卷书和武昌"月槎木樨香馆"藏书 4557 种，以及其他大量宋、元、明、清历代珍贵版本。民国以后，江南图书馆相继更名为江南图书局、国立中央大学国学图书馆、江苏省国学图书馆等名。惜阴书舍对于中国民众的开益神智和文明素质的提高作出了重要贡献，同时也开创了中国近代公共图书馆发展的先河。

　　公园东侧放生庵处有一段围墙设有名人雕像和名人故事的浮雕。这里汇集了一批杰出的先贤名师、文化大家，如果说公园设计应有主题，那么这些浮雕表现的内容就是乌龙潭公园设计的主题，这是乌龙潭的文化精华所在。对比南京其他公园，乌龙潭公园的面积、景致都不占优势，但南京诸多公园中在表现文化名人、文化精神以及这些文化名人对当代社会发展的作用上，恐怕很少有公园可与乌龙潭公园相提并论。

　　乌龙潭公园的文化精髓将随着我国倡导优秀民族文化的趋势进一步得到发掘，并越来越受社会的关注。

文化乌龙潭公园（三） 高祥生摄于 2020 年 3 月

文化乌龙潭公园（四） 高祥生摄于 2020 年 3 月

3. 和谐的环境 儒雅的建筑·清凉山崇正书院

狭义上的清凉山，即清凉山公园范围内的清凉山，而非指"南到新街口，北至鬼脸城，东到广州路，西至长江边"的广义上的清凉山，本文所述的清凉山即狭义上的清凉山。

无论从学识，还是从阅历上讲我都没有能力说清楚清凉山文化的历史和诸多景区。我仅就自己熟悉的 20 世纪 80 年代后重新修建的崇正书院和兴建的李剑晨艺术馆谈谈自己的认识。

（1）儒雅的崇正书院

崇正书院位于清凉山中部偏东的半山坡上。

崇正书院于明代嘉靖四十一年（1562）由时任南京督学御史的耿定向创建，取名"崇正"，源于文天祥"天地有正气"一说。明万历年后，书院逐渐被废弃，由耿定向的学生焦竑改建为"耿公祠"。清代，公祠损坏后，改建为"云巢庵"。清中期毁于火灾，嘉庆年间修饰后，复称"崇正书院"，并新筑"江光一线阁"。

1980 年南京政府拨款重新修建崇正书院，历时两年竣工。

重新修建崇正书院的工作由南京工学院（今东南大学）建筑研究所负责，中国科学院院士、建筑专家杨廷宝先生悉心指导设计，建筑研究所杨德安教授、陈宗钦教授等完成了设计。

杨廷宝先生指导重新修建崇正书院的设计工作，这充分体现了杨廷宝先生一贯的建筑设计思想。

2005 年崇正书院被列入南京市文物保护单位，并对外开放。

崇正书院和李剑晨艺术馆的位置表示　高祥生工作室根据导游图绘制

（2）修建后崇正书院的面貌

　　清凉山公园南大门后的右侧有一条向上的石阶小道，时隐时现，逶迤曲折，两旁八角金盘、梧桐、无患子伫立，湖石、凉亭点缀，阳光下石阶光斑陆离。

　　沿石阶拾级而上至百余米高处右转，豁然开朗，出现一块百十平方米的广场，广场三面遍植树木。广场北侧就是崇正书院建筑群的一殿建筑，步入一殿要通过两层石阶的甬道，去书院甬道的起始处设立石狮两尊，植有两棵高大挺拔的马褂木，东西两侧簇拥八角金盘、南天竹、海桐、蜡梅、杜鹃等灌木。

去崇正书院的石阶小道　高祥生摄于 2020 年 11 月

步入一殿前的环境　高祥生摄于 2020 年 11 月

清凉山崇正书院三殿广场东侧六角凉亭　高祥生摄于 2021 年 2 月

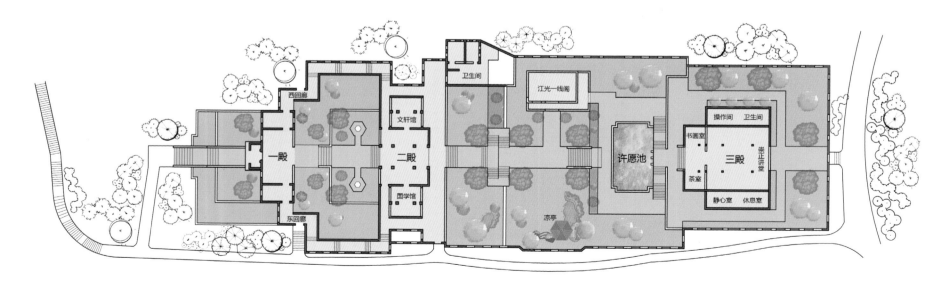

崇正书院总平面图　高祥生工作室根据黎志涛教授手绘图结合现状绘制

一殿大厅与二殿大厅之间有个约30平方米，呈扁形，在东西两廊之间呈对称、封闭式的向心庭院。庭院设两层地台，上层铺方青石，左右各立石灯一对。庭院中的草坪以麦冬、石楠组成数片，汀步曲径。龙柏、女贞、桂花、鸡爪槭、枇杷、马褂木、木本绣球伫立，海桐、紫薇、红花檵木、孝顺竹等灌木点缀，院内青茵如毯，绿荫簇拥，显得端庄、怡静、雅致。

穿过小庭院，登上台阶进入二殿。二殿的大厅有100多平方米，有东西厢房，分别为"文轩馆"和"国学馆"，面积约50平方米。

重新修建的崇正书院仿南方的新中式民居，粉墙黛瓦，主立面朝南，匾额上书有"古崇正书院"，四根暗红色立柱上镌刻"崇丘万物儒为道，正气千秋乐即诗"和"清凉读书共襄中国梦，崇正讲学同赞神州兴"的书作，嵌填金粉，格外醒目，表述了书院倡导的治学精神。

崇正书院坐落在一条南北长、东西窄的地块上，建筑布局坐北朝南，依山而建。书院设三个大殿，一幢阁楼，二进曲廊，三块院落，纵向地面，随坡截成三层，一层一个空间，一层一个景色，充分表现了崇正书院古朴儒雅、端庄肃穆、小中见大、简明现代的风格。

崇正书院二殿与三殿间高差处的片石墙　高祥生摄于 2021 年 2 月

书院的一殿和二殿间以曲廊相连，自一殿的两侧经过曲廊进入二殿。廊道上大多为方形或长方形的花窗，简洁大方，透过廊道的玻璃窗可以欣赏园中香花草木。

三殿前广场西侧为一座两层楼的建筑，二楼的门楣上悬挂着牌匾，上有"江光一线阁"五个敦朴的大字。一楼门前有一副对联："高阁豁吟眸一线江光思万里，天风展怀抱九州胜景喜无边。"

三殿广场的东侧为一组小景：六角凉亭，湖石叠嶂。亭前有半月形水池，叠石临水，设亭柱、靠椅，挂落、藻井、亭顶、脊饰、卵石、铺地，其做工细致。有兴致越山穿洞，迂回盘旋，眼前一明一暗，又是一番情景。

三殿建筑与许愿池（一） 高祥生摄于 2021 年 2 月

三殿建筑与许愿池（二） 高祥生摄于 2020 年 11 月

绕过刻有"清凉胜境"的片石墙，有一长方形许愿池，水池宽大、深邃，布局开敞。绕水池而上，便为三殿"崇正讲堂"，也就是书院最大的建筑。据参加设计的教授介绍，重新修建时将其由原址向北移了 10 余米，增加大厅前的空间尺度。整个正殿的大厅约 100 平方米，正中为崇正大礼堂，左右分布接待厅、休息厅、会谈室、茶水间等。

三殿居高临下，两侧栽有银杏、梧桐，树木参天，栏下池水倒映，景色宜人。三殿面阔五间，建筑为单檐歇山顶，明窗黛瓦，飞檐翘角，梁脊高耸，卷棚敞轩，落地长窗，厅前石栏望柱，形态端庄。

（3）我对重新修建崇正书院设计的认识

①依山而建　顺势而筑

崇正书院所在的平面形状呈长形，是一条南北长、东西窄的地块，且在清凉山偏东的半山坡上，于是修建、复建的崇正书院建筑布局即依山而建，层层递进，顺山势向上建造。

②融合环境　因地制宜

崇正书院的环境中种植的灌木、乔木都可以在清凉山山脉找到，高大的马褂木、梧桐、枫叶、桂花、香樟，低矮的八角金盘、八仙花、常春藤、小叶红柏，铺地的麦冬，在整个清凉山几乎到处可以找到，同时书院的植物又极具文人气息、高贵品质。崇正书院仿佛在清凉山山体和植物的包裹之中，成为清凉山的一部分。

③低调谦和　尺度宜人

崇正书院除江光一线阁外几乎都是一层建筑，即使是三殿讲堂大厅也只是放大平面尺寸，加高单层的层高。崇正书院的建筑用材除室内地面使用浅灰色地砖外，自一殿广场至三殿广场建筑的立面、景墙的立面、室内广场的铺地基本都使用价格一般、色彩内敛的石材，在最大的三殿广场使用的毛石、片石、湖石、黄石、卵石等都是灰色的、小尺度的材料，甚至连植物也都是"文雅的""谦和的"，互为帮衬的。崇正书院的建筑、植物没有张扬的体量，其尺度是适宜的，甚至可用"增之一分则高、'则宽'，减之一分则低、'则窄'"的语言来形容。

④中式现代　优秀范例

在杨廷宝先生设计或参与设计的100多件建筑设计作品中，崇正书院和同时期的福建武夷山庄无疑都是中式的，是具有现代气息的建筑。在崇正书院、武夷山庄建成后，后来又有了不计其数的各类现代中式建筑，其中有许多优秀的案例成为弘扬中国建筑文化的标志，尽管如此我也认为杨先生的中式现代建筑比例、尺度适宜，构件简洁、得体、恰当，形量亲切而独树一帜，具有原生态的中国味、地域味，是无人能及的。另外，据参加设计的教授介绍，崇正书院中有些木构件是由水泥制作后加饰暗红饰面的，这种做法在当时也是一种创新。我认为，杨老先生悉心指导设计的崇正书院是一种形似新中式建筑的典范，设计中体现了极为深厚的中国建筑文化底蕴和高超的专业水平。

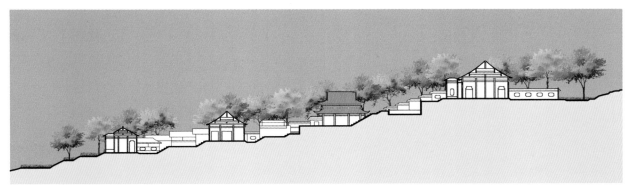

崇正书院南北向剖面示意图　高祥生工作室根据黎志涛教授手绘图纸结合现状绘制

北源的句容河与南源的溧水河汇合成秦淮河干流　高祥生工作室摄于 2021 年 2 月

4. 六朝烟雨　吴风新韵

（1）蜿蜒曲折的秦淮河

秦淮河是长江南岸的支流。汉代前称龙藏浦，汉代起称淮水，唐以后称秦淮河。

秦淮河由南北两源汇成，北源为句容河，南源为溧水河。两源在南京江宁方山汇合成秦淮河干流后从方山出发，而后秦淮河水蜿蜒曲折，或浩浩荡荡，或缓缓流淌，朝西北方向奔向南京市区的武定门。随后又分为两支，一支流经城墙南侧，从西北方向汇入长江，此支河流称为外秦淮河。另一支从东水关入城，蜿蜒曲折地从淮清桥下又分为南北两支（北支与十里秦淮关系不大，故不赘述）。偏南的一支经东园桥、白鹭洲公园拐弯进入夫子庙景区，时而曲曲拐拐，时而舒展平缓，经名胜，过古迹，经西水关后直奔长江。此支流从东水关至西水关的距离约 4.2 公里，正名为内秦淮河，俗称十里秦淮。

秦淮河干流是十里秦淮的源头，是南京文化的重要发祥地。它哺育了秦淮河两岸的生命，孕育了南京悠久的文化，催生了六朝文明。

（2）六朝烟雨　十里秦淮

自六朝至明清，十里秦淮聚集了名门望族、达官显贵、文人雅士、商贾巨富、能工巧匠、名伶靓女。千百年间十里秦淮环境虽几度兴废，但秦淮文化生生不息、神采依旧。

十里秦淮的名胜古迹无数，它曾有世界闻名惜毁于战火的七彩琉璃塔；有举世无双的中华门瓮城；有沧桑换新颜的愚园；有芳华犹在的白鹭洲公园。

秦淮河干流缓缓流向东水关　高祥生摄于 2020 年 4 月

白鹭洲公园旧貌新姿容光焕发　高祥生工作室摄于 2021 年 3 月

　　这里有名士王导、谢安的府邸旧貌以及曾经的朱雀桥，这里有文豪巨匠吴敬梓的故居，这里有晋代遗风的古桃叶渡。

　　这里有跨越南北两岸的文德桥、文源桥、平江桥。更有闻名天下、影响百代的天下文枢夫子庙。总之在这里信手拈来的都是文化瑰宝，而将这些瑰宝串联起来的就是十里秦淮。这名胜古迹就像一串闪闪发光的项链，使南京的城市面貌更加靓丽多彩。

愚园中的叠石与方亭雄姿勃发　高祥生摄于 2021 年 1 月

胡家花园　高祥生摄于 2021 年 1 月

古桃叶渡口、新秦淮河畔　高祥生摄于 2020 年 1 月

乌衣巷内神韵无限　高祥生摄于 2020 年 1 月

夫子庙商铺（一） 高祥生摄于 2020 年 6 月

夫子庙商铺（二） 高祥生摄于 2022 年 1 月

新兴建的十里秦淮更是多姿多彩、魅力无限。从东水关至西水关两岸新建的民居，一律为现代中式风格，粉墙黛瓦，棂窗密布，封火墙高低错落，成排成排的民居疏密有致，点缀其中的亭、台、楼显得尤为突出。

在绿水、绿荫的簇拥下，两岸的河房建筑醒目靓丽。而河面上的倒影几乎就是岸上景致的拷贝，在波浪的涌动下显得更有韵味。

秦淮河上总是有川流不息的明黄色船舫，在绿色的河面上不紧不慢地行驶着，于所经之处留下一道道放射形的波浪，后面波浪挤着前面的波浪前行，直至亲拂河岸的护壁后停息。

古桃叶渡　高祥生摄于 2021 年 7 月

吴敬梓相约学友在故居庭院中游戏的雕塑　高祥生摄于 2020 年 4 月

秦淮河岸接踵毗邻的民居　高祥生摄于 2020 年 4 月

秦淮河干流从东园桥拐弯进入夫子庙景区　高祥生摄于 2020 年 4 月

夫子庙（一）　高祥生摄于 2019 年 10 月

　　沿河的茶楼、酒肆中时有小曲声、琵琶声、三弦声穿出窗户，散落在河面上、河堤上、船舫中……这声音清脆、明净，似大珠小珠落玉盘，这声音甜润、细腻，又似春风拂面袭人心。如今在这春光明媚、歌声喃喃的秦淮河畔，我不禁思索：倘若朱自清重游秦淮河，他肯定会改写《桨声灯影里的秦淮河》的内容，并盛赞秦淮河的景色今非昔比。

夫子庙（二） 高祥生摄于 2021 年 6 月

夫子庙（三） 高祥生摄于 2022 年 1 月

夫子庙（四） 高祥生摄于 2021 年 7 月

夫子庙（五）　高祥生摄于 2019 年 10 月

5. 诸子百家　唯儒独尊·夫子庙

　　每每有家乡或外地的朋友来南京，倘若他们有时间，有兴趣了解并欣赏南京的历史文化，我总是饶有兴趣地带他们去夫子庙转一圈，因为夫子庙的儒家文化积淀丰厚，是体现南京传统文化的一张名片。

（1）夫子庙的解释

　　介绍夫子庙首先应解释夫子庙的名称。
　　"子"是中国古代对有学问、有思想、有德行人的尊称，例如：李耳称老子，庄周称庄子，孟轲称孟子，荀卿称荀子，墨翟称墨子，韩非称韩非子，孔丘称孔子，尊称孔夫子……由此就有了诸子百家一说。

夫子庙广场上镌刻"天下文枢"的木牌坊　高祥生摄于 2020 年 4 月

　　"庙"是祭祖的地方。孔子出生在山东曲阜，故山东曲阜设孔庙。南京复建夫子庙的意义在于在供奉、祭祀孔子的同时弘扬儒家文化、传承历史文脉。夫子庙又叫文庙、文宣庙、文宣王庙。建设南京夫子庙景区有彰显南京城市传统文化，带动城市景区特有的商业文化发展的需要。

　　广义的夫子庙由孔庙、学宫、贡院三大建筑群组成，狭义的夫子庙就是指孔庙。根据孔庙复建后的实际情况，本书中的孔庙的范围是指北起学宫尊经阁后的敬一亭，南至夫子庙广场泮池对岸的二龙戏珠照壁之间，并含东市、西市商业街在内的区域。

广场上的棂星门　高祥生摄于 2021 年 6 月

在夫子庙区域内的东市工艺品店　高祥生摄于 2020 年 4 月

夫子庙广场东侧的晚晴楼　高祥生摄于 2020 年 4 月

大成殿后有元代石碑三块和南朝石碑一块，现作为重要文物保存着　高祥生摄于 2021 年 6 月

位于大成殿后东侧的玉兔泉　高祥生摄于 2021 年 6 月

夫子庙景区应指东起吴敬梓故居区域，西至中华路、瞻园路区域，北起建康路夫子庙牌坊入口，南到桃叶渡公园南侧的一片区域。

夫子庙景区与秦淮风光带有大部分区域是重合的，只是秦淮风光带的范围更大些。（见本人微文《六朝烟雨　吴风新韵》所述）

（2）千年文脉、立德树人——建立学宫

东晋成帝司马衍咸康三年（337），根据丞相王导"治国以培育人才为重"的提议，立太学于秦淮河南岸。当年只有学宫，并未建孔庙。北宋仁宗景祐元年（1034），移学宫于秦淮河北岸现址，并在学宫的前面建祭奉孔夫子的庙宇，即夫子庙。在学宫的前面建夫子庙，目的是希望士子遵循先圣先贤之道，接受封建教化。

学宫主要有明德堂、钟鼓楼、尊经阁、敬一亭等建筑。

人们通常从大成殿进入学宫，大成殿后东侧设玉兔泉景观，西侧立南京仅存的元代《集庆孔子庙碑》《封至圣夫人碑》《封四氏碑》石碑三块和南朝《孔子问礼图碑》石碑一块。

学宫与大成殿之间以一院落空间过渡，进入学宫的明德堂需要通过一段隔墙，隔墙的入口处悬挂清代状元秦大士书写的《东南第一学》匾额。

明德堂是学宫的主体建筑。明德堂是培养旧时人才的场所，设有县学、州学、府学、国学四个等级。明德堂前有"习礼"和"仰望"的钟鼓楼，两楼相对而望，庭院中不时鸣有钟声、鼓声。明德堂庭院东西两角立有镌刻宋代理学家朱熹对于搞好教育的警句"学而不厌""诲人不倦"的砖碑。虽然我认为朱熹理学有违背人性的内容，但他的这两条警句，则可作为当今教师和学生的座右铭。明德堂门匾集南宋状元文天祥手迹，楹联由书法大家于右任手书。明德堂内现辟为雅乐宫，室内高悬《金声玉振》的匾额，匾额下立有数座古代乐器编钟，不时有年轻人敲打编钟发出乐声。

东南第一学　　高祥生摄于 2021 年 4 月

从明德堂去尊经阁要经过一段开阔地，尊经阁在不大的学宫空间中显得高大、挺拔、精神。夫子庙原尊经阁建于明嘉靖年间，上下两层各五间，用作收藏明代儒学经典书籍，尊经阁也是几毁几建，历尽磨难，最后一次重建于 20 世纪 1988 年。现在的尊经阁为三层，为展示中国书院历史，收藏、展示传统经典书籍所用。学宫是一个具有儒学氛围和学究气息的场所。

明德堂前的广场　　高祥生摄于 2021 年 6 月

明德堂前的钟楼　高祥生摄于 2021 年 6 月

明德堂前的鼓楼　高祥生摄于 2021 年 6 月

尊经阁与文创产品专卖店　高祥生工作室摄于 2021 年 3 月

位于夫子庙北面的尊经阁立面　高祥生工作室摄于 2021 年 3 月

中式的、端庄的、威严的夫子庙入口　高祥生摄于 2020 年 1 月

（3）夫子庙的建筑等级

孔夫子被尊称为孔圣人，奉为万世师表。自汉代独尊儒学后，儒家的地位令人仰止，以至自汉代起历朝皇帝都祭拜孔子。因此建造孔子庙必须是用高规格、高等级的建筑形制。

据说在建造山东曲阜孔庙建筑，论及关于如何处理孔庙与皇宫建筑的等级关系时，孔家人说了这样的话："我们孔家让皇家一块砖。"此话是否属实我尚未考证，但全国的孔庙都是非常了得的建筑。

南京夫子庙的规模、等级不及山东曲阜孔庙，但南京夫子庙与毗连的其他建筑相比，都显得高大、宽敞，气宇轩昂，庄严肃穆。

夫子庙是一组中式建筑，入口为三开间两进深的门斗。门扇上满布门钉，飞檐起翘，屋脊上鸱吻相望，入口处两石狮守望。大成门后两侧为碑廊，地面甬道通向大成殿台阶，甬道两侧有孔夫子 12 门生的雕像，个个温良、恭俭、谦让。

与大成门对应的建筑是宏伟的大成殿，大成殿正脊和殿前丹墀上皆有二龙戏珠的雕刻，平台上伫立着 4 米多高的孔夫子青铜雕像，雕像身子前倾，双手作揖，神情自若而谦和。

在孔夫子雕像后是大成殿，大成殿为孔庙主殿，重檐五开间，檐下有两层斗拱密布，边脊呈龙形状曲线，发戗呈弧形起翘，造型端庄而优美……孔庙的形制无疑高于民间的建筑。大成殿中孔夫子画像高6.50米，另有四亚圣颜回、曾参、孔伋、孟轲的汉白玉雕像和圣人的介绍。这里所有建筑、构筑物、雕像等都是按皇家建筑形制建造的。

广场上棂星门、牌坊、聚星亭、魁星阁等明清时的中式建筑设计经典、工艺考究，广场上的建筑物、构筑物相互间的比例恰当、尺度协调，很显然设计者除了对中国古典建筑形制娴熟外，同时也恰当地把握了中国传统建筑设计中局部与整体、单体与建筑群的比例和尺度关系，同时也充分体现了儒学中"过犹不及"、"不偏不倚"的中庸思想。

通过木牌坊的楹联柱形成的"门洞"可以看到泮池，看到秦淮河上的明黄色船舫，看到醒目的巨龙起舞的大型照壁。巨大照壁的底色为土红色，巨龙为金色，在秦淮河岸绿色的水面衬托下，尤为气度不凡。

甬道两侧有12门生的雕像　高祥生摄于2021年4月

端庄、谦和的孔夫子两手作揖的雕像和庄严的大成殿　高祥生摄于2020年1月

大成殿室内挂置的孔夫子巨幅画像　高祥生摄于2021年4月

从学宫后部的尊经阁起经明德堂、大成殿、孔夫子像、大成门、棂星门直至"天下文枢"木牌坊和巨龙飞舞的壁雕，它们均在一条轴线上呈左右对称布置，这条轴线控制着夫子庙的建筑、壁雕、装置等的规划，而所有的一切都是又遵循、听命于"真龙天子"，我想这也应该是儒学的本质吧。

（4）儒学的缺失

供奉、祭祀孔子，宣传儒家的道德观念、治学思想，无疑是弘扬中华民族的优秀文化，它对稳定中国的社会秩序，建立良好的社会道德观念，建立文化自信、民族自信具有积极意义。通过对夫子庙的参观学习人们可以了解到传统文化的博大精深。但不足的是儒学内容和科考内容严重缺失对科学知识的教育、宣传。人们在儒学教学中心的明德堂中看到的仅是儒雅的礼仪和优美的音乐演示教育。在尊经阁展示的书院、学堂的教材、考卷中看不到自然科学的知识内容。而倘若我们在宣传儒学的同时也能及早地加大宣传墨家的思想、墨家的成就，中国的教育内容岂不更加完善？倘若我们能更加多地宣传法家，则可对建设法治社会有更多的帮助。因为这些也是中国传统文化中的宝贵财富，但现今似乎没有引起我们足够的重视。儒学对中国文化，对中国社会进步无疑是有贡献的，但儒学在中国的文化教育、民族精神上也是有缺失的。

6. 岁月流逝·夫子庙

紧邻建康路的南京夫子庙牌坊应是 20 世纪 80 年代后兴建的　高祥生摄于 2020 年 4 月

　　我所述的"岁月流逝"是指 20 世纪 80 年代初至本世纪现在。

　　文中所述的"夫子庙"不是仅指夫子庙核心区祭祀孔子的孔庙，而是泛指现在的夫子庙景区。

　　80 年代初的夫子庙景区是一个旧城区，范围没有现在大，且界线不很明确，大多指北起建康路，南至大石坝街，东自秦淮河平江桥、桃叶渡，西至文德桥、乌衣巷一带，后来景区的范围逐渐扩大，呈现如今的样子。

　　因为教学需要，80 年代至今我去过夫子庙数十次，因此，对夫子庙的变化印象颇深。

在贡院西街上的"老街"牌坊　高祥生摄于 2016 年 7 月

毗邻建康路的状元楼是 20 世纪 90 年代前后兴建的涉外五星级酒店，在南京颇有名气　高祥生摄于 2016 年 7 月

（1）贡院西街与贡院街旧貌新颜

　　40 多年前去夫子庙的人们大多是从建康路一段进入的，那时还没有端庄的夫子庙牌坊，也没有现代、气派的状元楼酒店。贡院西街两旁大多是一二层楼的民房，其间夹杂着零星的店铺。现在街上都是时尚的新中式风格的店铺，为了让人们不忘贡院西街旧时的面貌，街道东侧设立了一座"老街"的牌坊，设立了旧时商贩的人物雕像。

　　贡院西街的南端就是贡院街，当时的贡院西街和贡院街上有一些老字号的餐饮店，印象最深的有奇芳阁、蒋有记、永和园、晚晴楼等。现在贡院街的尺度还是原尺度，只是街区的立面都已更新，特别是新增了"科举博物馆"。毫无疑问，贡院西街和贡院街的变化是一种进步，一种必然，但人总有怀旧的心理，我也是，特别是对曾经常去的地方。让我印象深刻的是，40 年前贡院西街和贡院街上的人还不多，不像现在一到节假日人来人往、车水马龙、热闹非凡。那时，街上的人可以停下来安心地取景照相，可以在街旁坐下来画画，不担心有人撞到自己。

贡院街上的奇芳阁　高祥生工作室摄于 2021 年 4 月

贡院街上的南京大排档　高祥生工作室摄于 2021 年 6 月

从贡院街迁移至此处的永和园酒楼门面，虽门面饰有金色大字和精致中式的纹样，却失去了贡院街上往日"永和园"门面质朴的魅力　高祥生摄于 2021 年 6 月

永和园酒楼　高祥生摄于 2016 年 7 月

崔豫章 80 年代的水彩画，估计崔教授就是从现在科举博物馆入口角度画明远楼的

最让我念念不忘的是贡院街的北侧有一座明远楼，绘画大师崔豫章教授用水彩画表现过它，画面上明远楼和两旁的梧桐树都弥漫在纷纷扬扬的大雪中，雪花飘落在画面上，洇开的水迹，使水彩画的水韵更浓。如今大师人已去，旧时的明远楼也已不在，留下的只有大师的才情和满满的夫子庙景区旧时的记忆。

我还记得贡院街上有一家叫"永和园"的饮食店，现在已搬至毗邻建康路的夫子庙景区内。永和园中最出名的是"黄桥烧饼"，这烧饼要比真正的黄桥烧饼还"脆"，还"香"，还"酥"，八九十年代，我常专程去"永和园"为家人、邻居购买"黄桥烧饼"。"永和园"的店招是书法大师林散之先生的作品，在琳琅满目的店招书作中，林先生的书法作品是出类拔萃的。"永和园"的书法一改大师清丽、飘逸的作风，而是在敦厚中显清秀，洒脱中见厚重，儒雅中有平和的气息，大师这种风格的书法作品我极少见到。

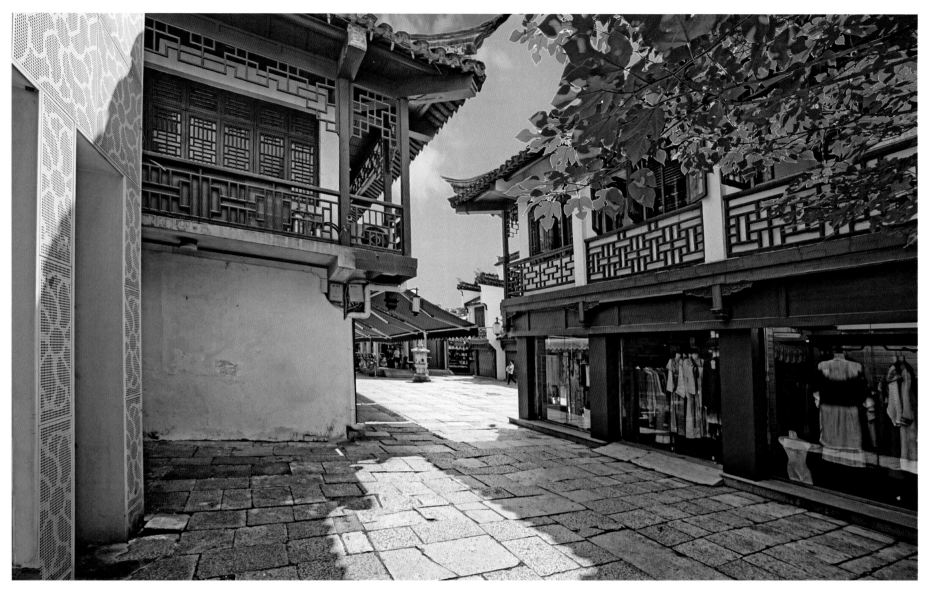

从贡院西街的这个巷口可以进入东、西市　高祥生摄于 2021 年 6 月

（2）东市、西市的轶事

20 世纪 80 年代至 90 年代初夫子庙及东市、西市已建成并已有现在规划的雏形。当时东市、西市的商铺大都是经销字画、珠宝、古玩的（这里的"艺术品"大多是"山寨版"的）。

记得我的一位在夫子庙经营艺术品的朋友告诉我，曾经一位艺术品掮客要在商店内寄售一幅著名国画大师的《公鸡》作品。我朋友瞄了那幅《公鸡》即告诉那掮客："你那幅《公鸡》画得很好，但不值钱，因为它是赝品。""我是大师的学生，亲眼看见他晚年的作画习惯和状态。大师晚年患眼疾，视力模糊，不可能将'公鸡'的结构画得很准确，另外，大师晚年作画习惯用枯笔，所画出来的'公鸡'大多是'翻毛鸡'。"

现在夫子庙东市与西市的商铺大多销售南京特色的工艺品，显然，山寨版的艺术品已经很少了。

在东市与西市交界处有一印社等建筑的院落空间，20 世纪 80 年代我每年都有几次带一二十个学生在这里画建筑画，教学中少数市民对学生作画感到好奇，常出现围观现象，这也无妨。

这事情以后的一段时间，我总喜欢将那位练拳击的学生带上一起去夫子庙，因为那时夫子庙景区还没有现在这么多的巡警，社会风气、社会治安没有现在好。

现在的东市广场（一） 高祥生摄于 2021 年 6 月

但我们也遇到过捣乱的"小纸漏"（方言小流氓），他们在一旁说三道四，干扰教学，极个别的甚至喜欢与女学生"多嘴""硬搭讪"，我无疑表示了不满和责备，但无济于事。于是学生中有一个练拳击的男生，就将"小纸漏"拉到一边说"我们到别处谈谈"。于是他们都离开了画画的圈子，去"谈谈"了，不出一刻钟，练拳击的男生精神抖擞地回来了，几个"小纸漏"跟在他后边，在相距 10 多米外叫嚷道"我叫 xxx 来"，练拳击的男生笑着说："你们别叫了，他是我拳击队的队友，他打不过我……"于是一场小风浪平息了。

现在的东市广场（二） 高祥生摄于 2021 年 6 月

（3）南京工学院建筑系的教师与夫子庙景区的建设

　　记得 20 世纪 80 年代初，当时南京工学院建筑系（现在的东南大学建筑学院）在潘谷西教授的主持下，在 80 年代以前还是永安商场的位置上完成了夫子庙核心区的规划设计，重新建造了敬一亭、尊经阁、明德堂、大成殿、大成门、棂星门、夫子庙广场、天下文枢坊、泮池、照壁等建筑，同时对整体环境做了整治，对学宫等建筑进行了修缮。陈薇教授、张十庆教授等专家都参加了夫子庙建筑群的设计。

　　与此同时，王文卿教授、丁沃沃教授、叶菊华总工、崔昶高工等专家对东市、西市的建筑做了精心的修建工作，薛永骙高级结构师等做了建筑结构设计。

　　参加夫子庙规划和建筑设计的教授、专家还有很多，但年代已久，我已记不清了。应该说这些教授、专家对夫子庙的规划设计、建筑设计功不可没，正因为有了他们的设计，打造了夫子庙景区建筑和构筑物的样式，才有了后期夫子庙景区建筑拓展的依据和模板。

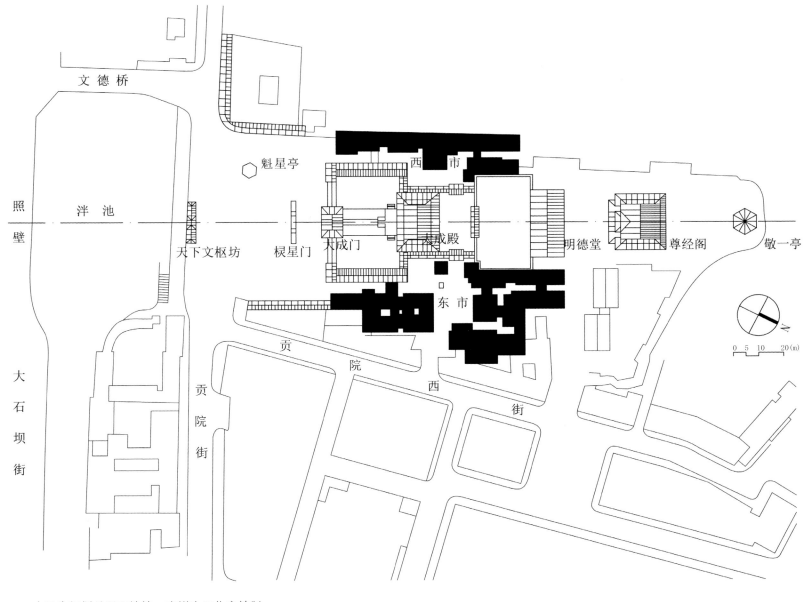

夫子庙规划总平面抄绘　高祥生工作室绘制

从文德桥、文源桥、平江桥观看秦淮河两岸接踵相连的民居、商铺，粉墙黛瓦、棂窗暗红、山墙层层叠叠，驳岸进退有度，应是东市、西市的建筑样式的延续。北入口、西入口的牌坊，天下文枢、古秦淮的牌坊，比例恰当，尺度适宜，又似乎都出于南京工学院（现东南大学）古建专业的教授、专家之手。

从文源桥看向河房（一） 高祥生工作室摄于 2021 年 6 月

从文源桥看向河房（二） 高祥生工作室摄于 2021 年 6 月

从文德桥看商铺　高祥生摄于 2021 年 4 月

大石坝街上的金陵春　高祥生摄于 2021 年 6 月

原贡院街的商铺在减少，而在大石坝街的商铺，特别是餐饮建筑增加了。在这里有晚晴楼、天圆楼、老盛庆、金陵春、秦淮人家、咸亨酒店等餐饮店，大石坝街的商铺比贡院街原来的商铺更加注重细部装饰，店面上大多采用回字纹、万字纹等中式纹样。店面的店招一律由名家书写，店招的形式多数竖向布置，有点古代幌子的感觉，但都是新中式风格。很显然大石坝街商铺的样式也延续了东市、西市的商铺样式。

大石坝街上的商铺　高祥生工作室摄于 2021 年 6 月

夫子庙的建筑设计、城市设计在不断更新、进步，但数十年前的夫子庙的城市面貌一直让我记忆犹新，就像若干年后虽然夫子庙的建筑和环境都已更新，但人们对现在的夫子庙也会记忆犹新一样，这大概就是城市文化的记忆，城市文脉的延续。

大石坝街上的秦淮人家　高祥生工作室摄于 2021 年 6 月

"夫子庙的建筑群主要有三部分：一是夫子庙学宫；二是孔庙，也即广义上的夫子庙；三是贡院，原址在现在科举博物馆的位置。

　　夫子庙的学宫是进行儒学教育的中心，贡院是检验儒学水平、选拔封建社会官吏的场所，而孔庙则是供奉、祭祀孔夫子的庙宇。学宫、孔庙、贡院三位一体构成倡导儒学、维护儒学、践行儒学的完整体系。科举博物馆是在原贡院基础上新建成的展示江南科举文化的现代博物馆。"

7. 科举博览 江南文枢

（1）千年科举 万种形态

南京科举博物馆是江南的科举文化中心和科举文物收藏中心，它包含博物馆主馆、江南贡院南苑以及明远楼遗址区三大区域。博物馆主馆建筑是江南科举文化的集中区；江南贡院的南苑是科举博物馆主馆的配套区域，有魁星阁、科举展示馆、室外雕塑等；明远楼遗址区是科举博物馆的重点建筑，主要有明远楼、至公堂及部分号舍和历代碑刻。

现在的南京科举博物馆是在原江南贡院的旧址上扩建、改建的。江南贡院始建于南宋孝宗乾道四年（1168），后经历代修缮扩建，为中国古代最大的科举考场。

现在的南京科举博物馆没有遵循原贡院的形制设计，而是从表现旧时科举考试的主要内容出发，采用现代人容易理解的现代中式建筑的形式表现。

科举博物馆主体长36米，宽36米，高20米，整体沉入地下，上部设方形浅水池。贡院牌坊与明远楼相对而望，博物馆入口处浅水池如同一面晶莹剔透的镜面，将明远楼和毗邻建筑的粉墙黛瓦、蓝天倒影收纳其中。

科举博物馆的明远楼建筑及环境倒映在浅水池中　高祥生摄于 2019 年 10 月

现在的明远楼为 1986 年后修建，它是科举博物馆的重要建筑，位于入口建筑群的中轴线上。明远楼建筑庄重、严肃。入口两侧设两尊古时士兵站岗的雕塑，"士兵"手握长枪笔直站立，具有威武刚正、不可侵犯的气势。明远楼建筑平面呈正方形的三层木结构建筑，在当时具有号令和指挥全考场的功能。由于其地位与作用特殊的要求，贡院内的建筑，包括贡院以外一定范围内的建筑，在高度上均不准超过明远楼。

肃穆、严明的明远楼建筑入口　高祥生摄于 2019 年 10 月

科考号舍与历代碑刻　高祥生摄于 2019 年 10 月

紧凑、严苛的科考号舍　高祥生摄于 2019 年 10 月

进入壁垒森严的科考场地　高祥生摄于 2019 年 10 月

明远楼的东西两侧整齐排列着砌筑简陋、功能明确的号舍。号舍以砖墙构筑，在离地一二尺（33～67厘米）之间，砌出上、下两道砖托，可在上放置上、下层木板，号舍侧设防火水缸和碑刻。号舍是中国古代科举文化中最有代表性的建筑，明远楼的号舍最多时达到了两万多间。

明远楼正后方有至公堂，原为主考官的办公处，现开辟成为科举考试的陈列室，室内高悬《为国求贤》的匾额。至公堂内陈列了介绍中国科举制度的撰文和相关实物等。至公堂力图表示这里是最公正、公开、公平的场所。浅水池下为科举博物馆的展厅，展示科考的林林总总的形式、内容、成果。人们可以环绕水池踏步而下，鱼贯进入地下展室。在这里人们可以看到层层叠叠的书卷，看到令人咋舌的考卷，看到使人惊讶的答卷，还可以看到与科考相关的各种文化展品，看到历史上与科考有关的著名人物，看到莘莘学子专注科考、慈母教子的场面，看到学子登科的荣耀……

总之，南京的科举博物馆向人们充分展示了自科举制度建立以来的江南的各种科考内容、形式，使人们能够清晰、客观地了解到科举制的功绩和弊端。

莘莘学子专注科考　高祥生摄于 2019 年 10 月

学子在慈母的监督下学习　高祥生摄于 2019 年 10 月

莘莘学子赶考的场面　高祥生摄于 2019 年 11 月

（2）科举千年　江南文枢

在我国科举制度建成至废除期间，从南京贡院走出的状元有 800 多位，进士 10 万人，举人 100 多万人。据有关资料统计，在明清时期全国有一半以上的命官，都出自南京贡院。

这里展示了历朝历代进入贡院并功成名就，取得状元、解元、探花功名的著名学人，也展示了虽踏入贡院但没有金榜题名的著名文学家、诗人、思想家、教育家、社会活动家等。他们对中国的社会发展、文学创作、文化教育、社会改革都作出过巨大贡献。我印象深刻的有林则徐、文天祥、刘禹锡、秦大士、吴敬梓、施耐庵、魏源、袁枚、郑板桥、左宗棠、曾国藩、李鸿章、张謇、陈独秀、方苞、唐寅等等。

千百年来，中国社会是人才济济、群星灿烂。这些卓越的人才以其不朽的成就名垂青史，千古传颂。

科考时期的著名人物　高祥生摄于 2019 年 10 月

（3）科举千年 功过一说

南京的江南贡院是江南地区最大的科举考试中心，是古代中国通过考试选拔官吏的场所。

科举考试通常分为乡试、会试与殿试。乡试中榜者为举人，第一名为"解元"；会试中榜者为贡士，第一名为"会元"；殿试第一名为"状元"，第二名为"榜眼"，第三名为"探花"。

科举萌发于南北朝，创建于隋朝，成形于唐朝，经宋朝、元朝、明清各朝的实施对社会有增益之处，也有种种弊端。清光绪三十一年（1905），科举制度被废除，至此科举历经了1300余年。

从夫子庙广场进入江南贡院　高祥生摄于2016年7月

早期的科举制度对于封建社会的人才选拔具有公平、公正的作用，有清明用人、广纳贤才、促使社会下层人才向上层流动的作用。科举考试使考取者无私恩，黜落者无怨恨，这对社会安定、制度清明和社会阶层的适度流动，对统治阶层广纳贤才有无可争议的优点。科举制度的开放性、公平性，打破了上层社会门阀的壁垒，扩大了统治阶级的社会基础，推动了文化的发展。

科举考试的内容是宣传儒学，宣传孔孟之道，对维护封建制度的稳定和建立社会秩序、伦理道德观念起到了明显的作用。但是科举考试范围大都限于儒家经书，限于人文社科，严重缺乏自然科技的内容，因而限制了人们对自然科学探索、研究的积极性，限制了学术的自由发展，影响了中国科学技术的进步。特别在科举制的后期，在那种重文轻理的思想主导下产生的消极因素远远大于积极因素。

另外，当时产生的状元、进士、举人，在对社会政治经济发展，人文思想进步产生过重大影响和巨大贡献的人物中占据的比例不高，不及那些并未取得功名，但胸怀大志、矢志不渝、为国为民做出贡献的历史人物。

时至今日，对于科举考试制度我们应客观地分析它的优劣之处，应从中吸取有益的成分，剔除负面的因素，为人才选拔制度、教育制度的完善，为人才的素质教育和科学技术的发展做出有益的贡献。

表现赴考学子和书童的雕塑　高祥生摄于 2019 年 10 月

江南贡院南苑面湖的廊道上功成名就的学子雕像　高祥生摄于 2019 年 10 月

江南贡院南苑面湖廊道的端头　高祥生摄于 2019 年 10 月

江南贡院南苑的空间　高祥生摄于 2019 年 11 月

江南贡院南苑表现学子登科的雕像　高祥生摄于 2019 年 10 月

俯视鸡鸣寺　高祥生工作室摄于 2020 年 12 月

8. 鸡鸣寺

　　鸡鸣寺的历史可上溯至东吴的栖玄寺，寺址在三国时吴国的后苑，公元 300 年（西晋永康元年），在此处倚山造势，始创道场。东晋以后，此处被辟为廷尉署，后至公元 527 年（南梁大通元年）梁武帝在鸡鸣埭兴建同泰寺，使此处真正成为佛教圣地。

　　明时鸡鸣寺香火鼎盛。据传皇后马娘娘及各大臣眷属也常来鸡鸣寺敬香，并为此特开凿了一条进香河，直至山门，鸡鸣寺由此名声大振，威名四方。

　　1387 年（明洪武二十年），明太祖朱元璋下令拆旧屋，扩规模，重建寺院。朱元璋题额为《鸡鸣寺》。后经宣德、成化、弘治年间扩建，院落规模宏大，占地百余亩。后来咸丰年间，古寺毁于战火，同治年间重修，规模大大缩小。

鸡鸣寺（一） 高祥生摄于 2020 年 10 月

鸡鸣寺（二） 高祥生摄于 2020 年 10 月

鸡鸣寺（三） 高祥生摄于 2020 年 8 月

鸡鸣寺（四） 高祥生摄于 2020 年 10 月

鸡鸣寺（五） 高祥生摄于 2020 年 8 月

　　20 世纪中叶，鸡鸣寺的南面仍保留着通往寺庙的河道，香客常乘船进寺，后河道填平改为南至珠江路北抵北京东路的人车同行道路。

　　1958 年寺庙改为道场，1983 年，在原住持宗诚法师组织下开始修缮扩建寺庙，依明清时规模形制，同时聘请东南大学杜顺宝教授主持寺庙的规划和设计。在原址——在一片快要荒芜的山丘上，鸡鸣寺又获新生，并成为南京市重要的宗教圣地之一。

　　我于 20 世纪 80 年代初，连续数年都带学生在鸡鸣山坡上写生，当初寺庙规模也不大，有些荒凉，也有些野趣，寺庙里偶见数位不多的尼僧。那时鸡鸣寺管理不严，学生们可以随便进出，寺庙的香火也不像现在那么兴旺，估计是因为"文革"刚过。

鸡鸣寺（六） 高祥生摄于 2020 年 8 月

鸡鸣寺（七） 高祥生摄于 2020 年 8 月

鸡鸣寺（八） 高祥生摄于 2020 年 8 月

重新规划设计后的鸡鸣寺面貌焕然一新，寺庙的山门正中镌刻"古鸡鸣寺"四个大字。自鸡鸣寺路进入寺庙的南门，经牌坊至天王殿前照壁，拾级而上再经法物处、菩提轩、祖堂、客堂，经多层石阶进毗卢宝殿。毗卢宝殿由两侧钟楼、鼓楼相拥。毗卢宝殿的一侧为大悲殿，在最高层就是药师佛塔，继续前行就是以铜佛殿为中心布置的念佛堂、达摩殿等寺庙建筑。

　　值得一提的是寺庙的南侧下坡有一古井，古井又叫胭脂井，原名景阳井。其位置和环境与我印象中的位置有了改变，南朝陈祯明三年（589），隋兵南下，攻占台城，陈后主闻之，即携爱妃张丽华和孔贵妃一起躲藏在这一枯井中，隋军搜寻至此，陈后主被俘，两妃子被杀。胭脂井几经兴废，现仍在大殿一侧保留，作为向后世宣传陈朝灭亡的教训，并警示后人的遗址。20 世纪 80 年代前胭脂井的周围长满杂草，也很少有人去观看，80 年代后政府对古井的环境做了修缮改造，现在常有人前往参观。

鸡鸣寺（九）　高祥生摄于 2020 年 8 月

鸡鸣寺（十）　高祥生摄于 2020 年 10 月

　　药师佛塔是 1991 年新建的七层八面佛塔，是鸡鸣寺历史上的第五座大佛塔。塔高约 44.8 米，外观为假九面，实为七级八面，斗拱重檐，铜刹筒瓦。塔内建有扶梯外廊，此塔全名为延寿药师佛塔，含国泰民安和为香客、游人消灾延寿的祝祷之意。宝塔南面正门上额题《药师佛塔》四个大字，系中国佛教协会会长赵朴初的手迹。北门门额上镌刻有《国泰民安》匾额。塔内供奉有药师佛铜佛像一座，此像原供奉于北京雍和宫。塔内每层中间有四个佛龛，为明代金丝楠木雕，龛内供奉药师佛像，共 24 尊。

　　我记得药师佛塔的表现图是由赵思毅老师组织完成的，在教研室挂了很久，表现图与现在的样式很一致，所以我也特别关注、敬仰药师佛塔。药师佛塔是鸡鸣寺的制高点，也是鸡笼山的制高点，是南京城市环境的重要节点。遥看鸡鸣寺与紫峰大厦，双塔对应，古今辉映，盛世辉煌。我喜欢拍照，无论从鸡鸣寺山门仰寺庙全景或从玄武湖的水边观看，药师佛塔都会成为画面的中心。

大报恩寺遗址公园（一） 高祥生摄于 2020 年 4 月

9. 大报恩寺遗址公园

（1）大报恩寺遗址的概述

　　大报恩寺遗址公园位于南京市秦淮区中华门外秦淮河南岸，是在原大报恩寺遗址上建成的具有文化展示性能的公园。

　　大报恩寺是中国最悠久的佛教寺庙之一，其前身是东吴赤乌年间（238—250）建造的建初寺和阿育王塔。它是中国继洛阳白马寺后建造的第二座寺庙，是南京的第一座佛寺，中国的佛教中心。

　　明永乐十年（1412），明成祖朱棣为纪念明太祖朱元璋和马皇后，在建初寺原址重建，动用 10 万军役、民夫，历时 19 年，按照皇宫的标准建造。

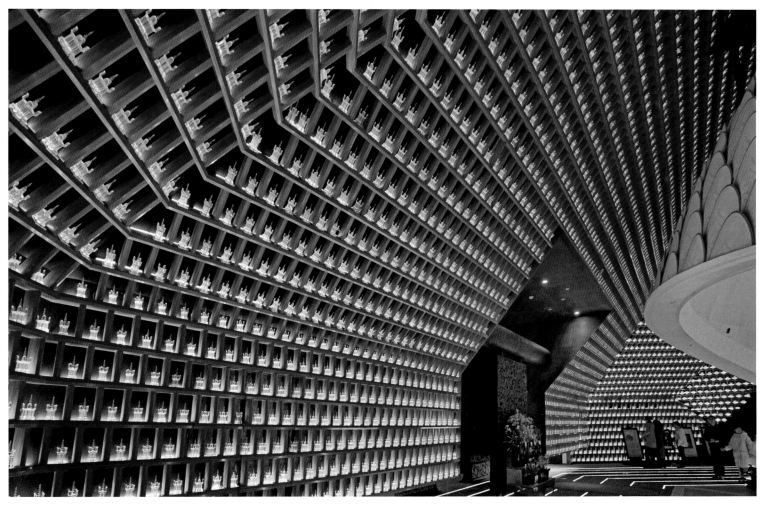

大报恩寺遗址公园（二） 高祥生摄于 2019 年 12 月

整个寺院规模极为宏大，有殿阁 30 多座、僧院 148 间、廊房 118 间、经房 38 间，是中国历史上规模最大、规格最高的寺院。

大报恩寺琉璃宝塔高 78.2 米，通体以琉璃建造，塔内外设置长明灯 146 盏，它是世界建筑史上的创举，中世纪世界七大奇迹之一，是西方人眼里的代表中国的标志性建筑，有"中国之大古董，永乐之大窑器"之称，被誉为"天下第一塔"。

明永乐六年（1408），寺庙毁于大火。

咸丰四年（1854），大报恩寺又一次因战火而毁。琉璃塔化作一堆瓦砾，其他建筑也被大火烧毁。从此，大报恩寺淡出人们的视野。

大报恩寺遗址公园（三） 高祥生摄于 2019 年 12 月

大报恩寺遗址公园（四） 高祥生摄于 2019 年 12 月

大报恩寺遗址公园（五）　高祥生摄于 2019 年 12 月

大报恩寺遗址公园（六）　高祥生摄于 2019 年 12 月

（2）大报恩寺遗址的发现

2008 年，从大报恩寺前身的长干寺地宫出土了震惊世界和佛教界的世界上唯一的一枚"佛顶真骨""感应舍利""诸圣舍利"以及"七宝阿育王塔"等一大批世界级文物和圣物。

2011 年大报恩寺遗址被评为"2010 年度全国十大考古新发现"。

2013 年大报恩寺遗址被国务院核定公布为全国重点文物保护单位。

（3）复建大报恩寺的选址

对于大报恩寺到底是原址复建，还是异地复建。相关部门作了充分的调查研究和认真周密的认证，最终采纳了玄奘寺主持释传真的建议。大报恩寺最好能够移至牛首山风景区异地重建，他提出反对大报恩寺在原址重建的主要原因是用来重建大报恩寺的面积有限，且不利于文化遗产保护，提出明代对大报恩寺的选址也是"不得已"。后经规划调整和优化，大报恩寺琉璃塔暨遗址公园即在原址进行。

而选址牛首山的理由是：寺庙选址，特别是迁移寺庙宜东不宜西，宜南不宜北。牛首山位于大报恩寺遗址的南方，从原址中轴南延 30 多公里正是牛首山，而这正是南京城未来发展的腹地，牛首山必将是南京城未来真正意义上的"南大门"。

大报恩寺遗址公园（七） 高祥生摄于 2019 年 12 月

大报恩寺遗址公园（八）　高祥生摄于 2019 年 12 月

大报恩寺遗址公园（九）　高祥生摄于 2019 年 12 月

大报恩寺遗址公园（十）　高祥生摄于 2019 年 12 月

大报恩寺遗址公园（十一）　高祥生摄于 2019 年 12 月

大报恩寺遗址公园（十二） 高祥生摄于 2019 年 12 月

大报恩寺遗址公园（十三） 高祥生摄于 2019 年 12 月

大报恩寺遗址公园（十四） 高祥生摄于 2019 年 12 月

大报恩寺遗址公园（十五） 高祥生摄于 2019 年 12 月

大报恩寺遗址公园（十六） 高祥生摄于 2019 年 12 月

（4）浅说大报恩寺遗址公园的设计理念

　　尽管我熟悉大报恩寺遗址公园的设计师，但没有与他们交流过设计理念，我的撰文只是表述我对设计作品的认识。

　　我曾不止一次听到有设计师评价大报恩寺塔建成后的造型"像一个没有完成的工程，不符合中国传统佛塔工艺的做法"。我不赞同这些说法，我认为，现当代重建古代建筑不应是对原建筑的复原，而应是根据现代人的审美倾向、现代的材料、现代的工艺，去表现一种与现代人审美情趣一致的作品。大报恩寺遗址中的塔的基本造型、塔身、基座、出檐的形制是符合原塔形制的，塔的各种细部构造的比例、尺度与原塔细部构造的比例是一致的，所不同的是用新的材料和工艺表现了老的造型、做法，其实这应该是仿古建筑设计的思路之一，我们应该肯定这种设计。

就我所知，中国的塔源于印度。中国的塔与印度的塔的功能不同，样式也不同，印度的塔的主要功能是祭故人，是不上人的，而中国的塔是可上人的，有登高观景的功能。日本的塔源于中国，日本的塔与中国的塔的样式大相径庭。

殊不知就在大报恩寺遗址公园中佛塔两侧的庙宇建筑的室内设计，在形式上"走得更远"，我没听到关于此的非议，这大概是因人们已适应室内设计中的各种类似后现代、结构主义的做法，而在人们的概念中塔就是应该"原汁原味"的。其实我们在称赞法国朗香教堂的造型，称赞美国的水晶教堂的设计时，就应想到大报恩寺遗址公园中塔的造型还是很"老实"的。

大报恩寺遗址公园（十七）　高祥生摄于 2019 年 12 月

大报恩寺遗址公园（十八）　高祥生摄于 2019 年 12 月

静海寺（一） 高祥生摄于 2019 年 12 月

10. 静海寺

每年春节晚上我总是希望能够听到静海寺的钟声，因为钟声敲响了我们的警觉，钟声告诉我们曾经遭受过的屈辱。

现在的静海寺是一个完整的建筑，它没受过战争的损坏，它不像圆明园那样是满目疮痍、千疮百孔、残垣断壁的，但它仍然记载着中国近代的屈辱。

一看到圆明园，人们立刻就能想到了战争，想到了硝烟，想到了铁蹄，想到了毁坏，想到了帝国主义的残暴。静海寺是完好的，但静海寺受到的屈辱一点也不亚于圆明园受到的屈辱，在这里，清政府被迫与英国政府议约，双方共在寺内议约 4 次。1842 年 8 月 29 日在英军船舰"康华丽"号上正式签订了中国近代史上第一个不平等的中英《南京条约》。静海寺因此也成为中国近代史起点的象征。

想起圆明园，我们是屈辱的，想起静海寺，我们也是屈辱的。因为国力的衰弱，我们在面对敌人时毫无抵抗之力，这里的一草一木、一砖一瓦，都见证了中国近代的外交衰弱，见证了中华民族的耻辱，也成了了解南京历史的一座特殊桥梁。

静海寺的修缮工作无疑是完善的，但我印象最深刻的还是静海寺广场上的林则徐雕像和警世钟。林则徐那不畏列强、爱国爱民的精神永载史册，警世钟长鸣，一直都在警示着人们这个世界的不太平，让我们不能忘记过去，不能忘记历史，更不能忘记过去给我们带来的伤痛。

静海寺（二）　高祥生摄于 2019 年 12 月

静海寺（三） 高祥生摄于 2019 年 12 月

静海寺（四） 高祥生摄于 2019 年 12 月

静海寺（五） 高祥生摄于 2019 年 12 月

静海寺（六） 高祥生摄于 2019 年 12 月

静海寺（七） 高祥生摄于 2019 年 12 月

静海寺（八） 高祥生摄于 2019 年 12 月

静海寺（九） 高祥生摄于 2019 年 12 月

静海寺（十） 高祥生摄于 2019 年 12 月

静海寺（十一） 高祥生摄于 2019 年 12 月

静海寺（十二） 高祥生摄于 2019 年 12 月

南京天妃宫（一）　高祥生摄于 2019 年 12 月

11. 南京天妃宫

　　天妃宫位于南京市鼓楼区下关狮子山麓，是明成祖朱棣为感谢天妃娘娘妈祖等诸神护佑郑和航海平安而敕建的，与静海寺相邻，是中国海上丝绸之路以及郑和下西洋的重要历史遗存。

　　天妃宫始建于明朝永乐五年（1407），史称龙江天妃宫。郑和首次下西洋回国后，以海上平安为天妃神灵感应所致，奏请朝廷赐建。郑和在以后的六次下西洋出航前和归航后，都专程前往龙江天妃宫祭祀妈祖。后天妃宫屡遭战火，历代均有修葺，新中国成立后亦多次修缮，占地面积约 5000 平方米，由东西两轴线院落组成。每年妈祖诞辰之日（农历三月二十三日），南京民众便前往天妃宫赶庙会，该习俗一直延续至今。

南京天妃宫（二）　高祥生摄于 2019 年 12 月

阅江揽胜第一楼（一） 高祥生摄于 2019 年 12 月

12. 阅江揽胜第一楼

　　阅江楼位于长江南岸，毗邻挹江门，雄踞狮子山巅，披晨雾送晚霞，揽胜阅江。阅江楼有"江南第一楼"之称，是中国十大文化名楼之一。阅江楼碧瓦朱楹、檐牙摩空、珠帘凤飞、彤扉彩盈，一派中国皇家建筑气势。

　　南京阅江楼与武汉黄鹤楼、岳阳岳阳楼、南昌滕王阁合成江南四大名楼。阅江楼建于狮子山山巅，高约 52 米，主体建筑面积 4000 余平方米。外表四层，室内实为七层。阅江楼端庄中显秀丽，巍峨中见精致。建筑立面色彩红、白、绿相间，楹联珠玑，对楼宇锦上添花。

　　600 多年前，明太祖朱元璋为了歌颂自己的丰功伟绩，在登上下关的狮子山游览长江壮丽风景时，下诏书要在狮子山上兴建一座楼阁，作为给后人留下永久传芳的标记，特意撰写一篇长达 1000 多字的《阅江楼记》，并命令在朝的文臣都要以阅江楼为题写一篇《阅江楼记》。流传至今的著名《阅江楼记》有明翰林大学士宋濂的《阅江楼记》和朱元璋亲自撰写的《阅江楼记》与《又阅阅江楼记》三篇之多。

　　之后因某些原因，朱元璋又命令正在建造中的阅江楼停工。从此造成阅江楼一度有记无楼的局面，直至 1997 年南京市政府根据各界人士的请求，阅江楼工程又开始启动，2001 年阅江楼工程竣工并对外开放，以此结束了"有记无楼"的历史。

阅江揽胜第一楼（二）　高祥生摄于 2019 年 12 月

现在的阅江楼由南京市政府批准建造，由东南大学建筑学院杜顺宝教授主持建筑设计，陈薇教授等参与设计。南京艺术学院冯健亲教授、文联副主席陈国欢等主持了大楼的内部装饰装修设计。

登临狮子山观景平台有两个平行入口，一个在仪凤山，另一个在建宁路的大桥饭店处。

自仪凤门登上狮子山观景有 300～400 米的路程，人们拾级而上，要经过阅江揽胜的牌坊和江南第一楼的牌坊。

从建宁路的大桥饭店处进入，首先是一个宽阔的广场，而后是明太祖朱元璋牵马出征的雕像，再往前走是一段蜿蜒曲折的山路，路旁有各种纪念性建筑和纪念碑牌坊。

我印象最深的：一是孙中山的观江亭和碑文；二是宋濂的《阅江楼记》；三是"玩咸亭"的纪念亭，这是一个双层的木头材质的古老亭子，中间有《重建玩咸亭》的石碑。沿曲折的山路而上，逐渐到达狮子山山巅，踏上观景平台。

阅江揽胜第一楼（三）　高祥生摄于 2019 年 12 月

阅江楼平台上坐落着五幢中式阁楼，错落有致。屋盖下的斗拱层层叠叠。资料显示，阅江楼的外观是四楼，室内实为七层。

阅江楼的室内外色彩都以朱红、钴蓝、浅白饰面。大楼室内以朱红、白色装饰。建筑正面的梁枋上设有楹联，印象最深的楹联是：狮梦醒来顶天立，龙吟远去搏海飞。横批：政通人和。

阅江揽胜第一楼（四）　高祥生摄于 2019 年 12 月

阅江揽胜第一楼（五）　高祥生摄于 2019 年 12 月

阅江揽胜第一楼（六） 高祥生摄于 2019 年 12 月

自阅江楼鸟瞰近处是桑田纵横，楼宇万间，一派盛世景象；眺望远处长江滚滚东流，一桥飞架南北，千年天堑变通途。

楼阁室内雕梁画栋，藻井彩画斗拱，楹联、斗拱、室内一律是中式的做法。阅江楼的室内装饰由冯健亲教授、陈国欢设计师等主持完成。

朱元璋像　高祥生摄于 2019 年 12 月

125

东水关（一） 高祥生摄于 2020 年 4 月

东水关（二） 高祥生摄于 2020 年 4 月

东水关（三） 高祥生摄于 2020 年 4 月

东水关（四） 高祥生摄于 2020 年 4 月

13. 东水关

东水关始建于杨吴筑城时期，明朝修建明城墙时在此基础上扩建。

东水关位于南京市秦淮区龙蟠中路通济门大桥西侧，地处夫子庙秦淮风光带，是秦淮河流入南京城的入口，也是南京城墙唯一的船闸入口，是如今南京保存的古代的一座最大的水关。

东水关是一座兼用来调节秦淮河水的水陆城门。秦淮河水流到这里便分为两股，一股顺城墙外侧流淌，成为护城河，一股穿水关入城，成为十里内秦淮河。因此，老南京人又把东水关称为"东关头"或"上水关"。

东水关为砖石结构，共有三层，每层有 11 券，共 33 券，券又被称为"偃月洞"。在古代，上面二层安置守城的将士和储藏物资，最下面一层用来调节内秦淮河水位和防洪，中间的铁栅栏防止敌军从水路偷袭。水关遗迹由水闸、桥道、藏兵洞、明城墙四部分组成。东水关将水关和城墙融为一体，在中国建筑史上鲜为一见，堪称一绝。

东水关作为南京明城墙不可或缺的一部分，见证了南京城发展的沧桑历史，留下了南京曾经的辉煌和荣光。

东水关遗址公园入口牌楼　高祥生摄于 2020 年 4 月

14. 东水关遗址公园

　　东水关遗址公园修复工程始于 2001 年，修复工程中还有《秦淮胜境》牌坊，牌坊的尺度适宜，造型古朴、隽美。

　　东水关遗址公园有"古桥、古河、古墙、古闸"的景点。

　　① "古桥"指的是古九龙桥（又叫通济大桥），九龙桥建于明朝初期，是古时从通济门进入南京城的咽喉要道。2001年修复东水关时，保留了九龙桥的基础，在桥面上重新铺上了大块的青石，桥的两边镶上了 80 个莲花彩云雕石栏杆。桥的两端安装了 4 个雕花石鼓。现今的古九龙桥已超越了历史上的风貌。

　　② "古河"指的是秦淮河，它见证了历朝历代的世事变迁。而东水关是内、外秦淮河的交汇之处，东水关的一大作用就是保持内秦淮河的水位高于外秦淮河。

　　③ "古墙"指的是南京明城墙，其距今已有六七百年的历史，立于城墙上可远眺南京城今日的繁华与东水关磅礴的气势。

九龙桥　　高祥生摄于 2020 年 4 月

流入南京城的秦淮河　　高祥生摄于 2020 年 4 月

东水关遗址公园　　高祥生摄于 2020 年 4 月

④ "古闸"指的是上首闸与下首闸，下首闸建于清朝，主要是用于调节内、外秦淮河的水位差。到了民国时期，为了便于舟楫运输，又建了上首闸，两座白色的闸门给人以异样的怀旧感。

东水关遗址公园既是人们进入东水关遗址的必经之路，同时也是人们赏析"古河""古闸""古桥""古墙"的集结地。

水西门广场（一） 高祥生摄于 2020 年 6 月

15. 水西门广场

　　西水关遗址，原来在这里建有一座供秦淮河流出南京城的"水关"，它和秦淮河流入南京城内处的"东水关"相似，作用相对应，北边有城门"三山门"，俗称"水西门"，在 20 世纪 50 年代被拆掉了，现在的水西门广场，只是原来水西门（三山门）和西水关的遗址罢了。

　　水西门广场位于内秦淮河和外秦淮河的交汇处，由东、西两广场组成。

　　水西门广场是集休闲、娱乐于一体的市民广场。

　　东广场为明时水西门瓮城所在地。

　　西广场南侧有赏心亭，历史上该亭数毁数建，此亭最后一次毁于清朝。赏心亭延续秦淮风光带的明清建筑风格，八角歇山顶，灰筒瓦屋面，是市民休闲赏游的好景点。

　　水西门广场以其深厚的历史文化底蕴、独特的造景手法，为南京城市增添了亮丽的风景。

水西门广场（二） 高祥生摄于 2020 年 6 月

水西门广场（三） 高祥生摄于 2020 年 6 月

水西门广场（四） 高祥生摄于 2020 年 6 月

明故宫遗址公园（一）　高祥生摄于 2020 年 3 月

16. 明故宫遗址公园

（1）简介

　　南京故宫，又称明故宫，位于南京市主城东部，是明朝首都应天府（南京）的皇宫，中世纪世界上最大的宫殿建筑群，也是全国重点文物保护单位。

　　南京故宫始建于元至正二十六年 (1366)，明洪武二十五年 (1392) 基本完工。南京故宫坐北向南，有门四座，南为午门，东为东华门，西为西华门，北为玄武门。内庭有乾清宫和坤宁宫，以及东西六宫。现部分遗址位于今中山东路南北两侧。

　　南京故宫曾是殿宇重重，楼阁森森，雕梁画栋，金碧辉煌，气势恢宏，作为明初洪武、建文、永乐三代皇宫，长达 54 年之久，直到明永乐十九年 (1421 年)，明成祖朱棣迁都北京，南京故宫才正式结束皇宫的使命，但仍由皇族和重臣驻守，地位仍十分重要。

（2）历史沿革

元朝至正二十六年(1366)，南京故宫开始建造，地址在元朝集庆城外东北郊（即南京市中心东部），初称"吴王新宫"，后又称"皇城"。

明朝建文四年(1402)，朱棣在南京即皇帝位，居于南京故宫中，但同时下令以北平（今北京）为行在，准备迁都。

明故宫遗址公园（二）　高祥生摄于 2020 年 3 月

明朝永乐四年(1406)，朱棣正式下令在北京元大内宫殿遗址上营建北京宫殿，据《明太宗实录》记载："（北京故宫）凡庙社、郊祀、坛场、宫殿、门阙，规制悉如南京明故宫，而高敞壮丽过之。"

明朝永乐十九年(1421)正月初一正式迁都北京，十一日大祀南郊，十五日赦。此后南京故宫不再作为皇宫使用，但仍作为留都宫殿。

明朝洪熙元年(1425)，朱棣长子、明仁宗朱高炽继位后，下令重新修葺南京皇城，至次年底基本完成。

明故宫遗址公园（三）　高祥生摄于 2020 年 3 月

明故宫遗址公园（四） 高祥生摄于 2020 年 3 月

明故宫遗址公园（五） 高祥生摄于 2020 年 3 月

明故宫遗址公园（六）　高祥生摄于 2020 年 3 月

明朝万历二十八年 (1600)，传教士利玛窦在访问北京之后，将北京和南京作了一番比较：此一城市之规模，其房舍之布置计划，其公共建筑物之结构，以及其防御工事等，均远逊于南京。

清朝咸丰三年(1853)、同治三年(1864)、宣统三年（ 1911 ）明故宫屡遭战火毁坏。

1956 年 10 月，明故宫遗址被公布为江苏省文物保护单位。

1990 年后，南京军区训练场迁出明故宫遗址，又恢复南北中轴线上部分建筑。

1992 年，南京明故宫遗址公园建成并正式对外开放。

2012 年南京明故宫遗址公园概念性规划设计方案由东南大学建筑学院主持设计的《南京明故宫遗址保护总体规划（2012—2032)》中提到，保护规划时间跨度为 20 年，按照建筑的主次和时间顺序，大致要点为：明故宫中轴线中心区的完整保护与展示，即御道街的景观改造、两个遗址公园的本体展示和环境改造；明故宫宫壕的沟通与环境整治；三大殿遗址考古保护棚的建设；复建宫城东北角楼；乾清宫、省躬殿、坤宁宫、社稷庙、太庙的考古展示；西安门、东安门、东华门、西华门等遗址公园的修缮与建设等。同时，文物部门还将在明故宫遗址上竖立标识系统，标记出明故宫内各大殿、水系、道路的布局。在不用复建所有宫殿的情况下，能让人们对 600 年前的明朝皇宫有总体了解。

明故宫遗址公园（七）　高祥生摄于 2020 年 3 月

白马石刻公园（一）　高祥生工作室摄于 2022 年 7 月

17. 白马石刻公园

　　南京白马石刻公园位于玄武区钟山风景名胜区的玄武湖与紫金山接合部，是中国首家以石质雕塑文物为展览主题的艺术公园。白马石刻公园是一处收集、保存和展示石刻文物的主题公园，分为西部园区、石刻园区、自然林区和娱乐园区四个部分。园内收集南京地区散落的石刻文物 100 余件，其中有六朝时代的石龟 2 件，宋代神道石人、石马 4 件，其余大多为明、清石刻，集中了从宫廷到民间，从宗教到民俗，从住宅到陵墓的不同品种、不同造型，上起六朝下至明清，近 2000 年的雕刻品种。

白马石刻公园（二） 高祥生工作室摄于 2022 年 7 月

白马石刻公园（三） 高祥生工作室摄于 2022 年 7 月

萧恢墓石刻（一）　高祥生工作室摄于 2021 年 1 月

18. 六朝遗存　千古神韵

（1）南京六朝石刻遗存的记忆

　　我最早关注六朝陵墓石刻是从大学学习《中国建筑史》开始的，教材中有一幅表现辟邪的黑白照片，虽然不太清楚，但辟邪的整体形态、动势已足以让人们感受到辟邪造型的生动、工艺的精湛。昂首挺胸、威风凛凛的辟邪好像是在前进中咆哮，似乎在迎接一场新的战斗……

　　数十年来这是一种抹不去的印象。近年来我做了诸多涉及南京形象、南京文化的装置设计、标识设计，脑海中总是浮现出六朝石刻中辟邪、麒麟的形象，于是将它们表现在书籍装帧、LOGO（标识）设计、墙面美化中，因为我觉得它们最能表现南京的历史文化，最能表现南京人的自信。

　　为了收集表现南京艺术文化的创作素材，为了深切感悟六朝时期的艺术风貌，也为了圆目睹六朝石刻的真容的心愿，我与助手去了南京市栖霞区的十月村，因为十月村是南京地区至今遗存六朝时期石刻最多的地方。

（2）南京六朝遗存石刻的风貌

关于辟邪和麒麟的区别，我认同东南大学建筑学院刘敦桢教授在《中国古代建筑史》中的说法："……皇帝的陵用麒麟，贵族的墓用辟邪。"同时刘教授也认为："帝陵前的石兽无论其独角还是双角，都是指的是神鹿，故应统称为麒麟。"南京六朝石刻主要有麒麟、辟邪、天禄（辟邪的一种）和石柱、石碑等。因栖霞区和甘家巷两处帝王陵墓较少，故陵前石刻应多以辟邪为主。栖霞区十月村和甘家巷的六朝石刻现状是：

①梁吴平忠侯萧景墓（遗存位于栖霞区十月村）

现有辟邪一只，石柱一件。这两件雕刻是现今保存最完整的南朝石刻。

②梁鄱阳忠烈王萧恢墓石刻

在甘家巷西，现存辟邪两只，东西对立，相距近 20 米。东边辟邪原从头至尾断成两块，且缝宽约 0.14 米，四足及尾部均断裂，后经修复成完整状。东西两辟邪均为雄兽，造型相似，体态肥硕健壮，昂首挺胸，张口吐舌，胸部凸显，鬃毛毕露，无角、颈粗，额存披须，头有髭，东辟邪翼饰六翎，西辟邪翼饰五翎。背部及前胸有凹沟，已漫漶，一脚前迈，长尾垂地。辟邪身体四肢的姿态似乎在前行，面部的精神十足，神态似乎在呐喊，在呼啸……给人震撼的力量。

伫立在南京中山门入口的以六朝石刻辟邪为原型制作的青铜雕刻　高祥生工作室摄于 2021 年 1 月

③陈文帝陈蒨永宁陵石刻

现位于栖霞街道狮子冲一带。在陵前约 200 米处有石兽两只，一为辟邪，二为麒麟，两石兽体态健硕，体长都在 3 米以上。石兽瞪目张口，形状凶猛，两翼微翘，身体雕饰精致的蕙草纹，感觉在健硕中体现出俊美的气息。

④梁桂阳简王萧融墓石刻

萧融墓石刻在炼油厂中学内，陵墓神道上有大辟邪石刻两只，小辟邪石刻一只。两辟邪东西方向两两相对，均无角，颈短，仰首挺胸，颏下光洁，张口吐舌，突胸耸腰，有前行之势，体态雄浑、俊美。

⑤梁临川靖惠王萧宏墓石刻

梁临川靖惠王萧宏墓前石刻在栖霞区仙林大学城路边，有一对石辟邪，一块石碑和两根石柱，两只龟趺。东辟邪剽悍凶猛，极富张力。西辟邪残缺不全，具沧桑美。两根石柱，其中西石柱上镌刻"梁故假黄钺侍中大将军扬州牧临川靖惠王之神道"。东西柱原断为数段，后修复。西石碑完好，浮雕精美，碑文漫漶，东石碑已佚，仅存龟趺半掩土中。

为了本书观点的表述方便，我以梁临川靖惠王萧宏墓石刻为例简述六朝石刻。除了调研上述陵墓前石刻外，我们还调研过梁安成康王萧秀墓石刻和萧憺墓石刻。因其石刻作品的风格与已叙述的石刻情况相似，故不再赘述。

萧融墓东北辟邪（一） 高祥生工作室摄于 2021 年 1 月

陈蒨永宁陵石刻（一） 高祥生工作室摄于 2021 年 1 月

萧恢墓石刻（二）　高祥生工作室摄于 2021 年 1 月　　　　　　　　　萧谵墓辟邪　高祥生工作室摄于 2021 年 1 月

陈蒨永宁陵石刻（二）　高祥生工作室摄于 2021 年 1 月

萧融墓东北辟邪（二） 高祥生工作室摄于 2021 年 1 月

萧宏石刻公园（一） 高祥生工作室摄于 2021 年 1 月

（3）南京六朝石刻遗存的价值

　　我赞赏南唐二陵的辟邪、麒麟的石刻艺术主要有三点因素：

　　一是六朝石刻的造型极有力感。汉代尚武强悍的气质对六朝的艺术影响是明显的。毫无疑问艺术作品中强悍的力度感，无疑受汉代艺术雄风的影响。我比较过，中国其他朝代的雕刻对于人物、动物的造型基本不会表现出如此强烈的动势和力度，因此可以说南唐二陵石刻形态表现的力量感是空前绝后的。艺术大师刘海粟先生认为中国绘画中六法"气韵生动"应为第一法。因此缺乏力度感的艺术作品就难以谈论"气韵生动"了。

　　二是在中国建筑史和雕塑史中经常介绍、赞美的汉代、唐代的雕刻作品中，我认为汉代的雕刻作品力感强，动势大。如霍去病墓前的《马踏飞燕》和表现唐代的《昭陵六骏》，无可否认我欣赏这些作品的形式，并为其雕刻技术所折服。汉唐的雕刻无疑具有很高的艺术价值，但汉唐多数的雕刻似乎不太讲究人物、动物的三维细部表现。而六朝石刻却是有动势，有张力的同时也能表现形体的三维结构，显然汉唐石刻与六朝石刻相比稍逊一筹。

萧宏石刻公园（二） 高祥生工作室摄于 2021 年 1 月

萧宏石刻公园（三） 高祥生工作室摄于 2021 年 1 月

145

以上为各种石刻雕像局部　高祥生工作室摄于 2021 年 1 月

萧景墓神道石柱　高祥生工作室摄于 2021 年 1 月

我也喜欢秦始皇陵墓中兵马俑的阵列感，喜欢南京明孝陵前石马、石兽雕刻的体量感，但兵马俑的气势是因众多兵俑的矩阵产生的，明孝陵的雕刻似乎只注重静态神情的表现，而缺乏形体结构的刻画。我看过西方的雕像，无论是古希腊、古罗马的雕像作品，还是文艺复兴时期巴洛克、洛可可风格的雕塑雕刻，件件都是对人体结构作了细致入微的三维表现……有关东方雕刻的著作在涉及雕刻艺术时总说西方的雕刻是三维的、立体的，所以西方的雕刻主要是强调形似的，而中国的雕刻都是以神韵取胜的。但是，中国六朝的雕刻以及后来汉代的一些雕刻，却不仅仅是一种神似。中国六朝时期的石刻艺术应该是神形兼备的。

三是我认为造型艺术源于现实，但又要高于现实，雕塑中的高于现实需要对现实的形态进行提炼、美化、规律化。在这一点上六朝时期的石刻艺术全做到了。

中国六朝时期的雕刻除了有三维的表现外，还具有在写实基础上的形象夸张和图案化、陈式化的造型。我们可以看一看

（4）弘扬南京六朝石刻的艺术品质

一位伟人曾说过，艺术水平的高低与生产力的发展不成正比，最优秀的雕刻、最动人的神话不是产生于生产力发达的现代社会，而是生产力低下的古希腊时代。同样的现象也发生在生产力低下的中国六朝时期。

有人认为六朝时期的石刻与古罗马时期艺术是人类艺术创作的两个巅峰。所以我认为有必要让人们了解、熟悉、认同六朝石刻的文化价值、艺术价值，要让人们知道，六朝石刻是与西方古希腊、古罗马时期最珍贵的艺术品具有同等文化价值的艺术瑰宝，是值得珍爱的。我们有必要让更多的人知道，我们的国家曾有过非常了不起的艺术作品，它们不是现在一些毫无文化内蕴、毫无艺术价值的糟粕艺术可以比拟的。我极力主张要大力弘扬中华优秀的民族传统文化，主张宣传像南京六朝时期的石刻艺术及其他优秀的民族艺术一样的艺术作品。

南京六朝石刻中的麒麟、辟邪，其昂首挺胸的姿态，其胸、其脚、其脖子都是经夸张的，不是平常形态的，但又是美的：人们可以看到石兽伸出的舌头和睁大的眼睛，都是对正常结构形态的夸张。另外，麒麟、辟邪中的毛发一卷一卷都是有规律的弯曲，这显然是有组织的、理想化的、陈式化的和浪漫式的造型。倘若再放眼看一看，其他石刻一个个都是精气神十足，件件都可以成为国际上精美绝伦的雕刻精品。这是我国雕刻艺术的瑰宝，我们应从这些艺术品中吸取营造丰富的艺术养分，树立对本民族优秀文化的自信心，创作出具有中国精神、中国气派的雕刻作品。

另外，有些人总是认为中国造型艺术缺少力度的感觉，而非洲、欧洲国家的雕刻造型生动、有张力等等。但我觉得在中国六朝时期的雕刻艺术以及中国的戏剧衣饰、脸谱、道具中，其造型、其色彩、其动势哪一点都不亚于非洲和西方的造型艺术。

在中华民族的历史上曾经产生过许许多多灿烂辉煌的文化，就现在而言，在我国幅员辽阔的土地上，还有许多地方都有类似六朝石刻的珍品。仅南北朝时期，北至长安以南，西至四川、云南，东达沿海地区都是六朝的疆土，诸如云南、重庆、贵州、广西、湖北、湖南、江西、广东、江苏、安徽、浙江、福建等地，在那里同样存有大量的石刻作品。

在江苏地区，六朝石刻在南京有 21 处，在句容有 1 处，在丹阳有 1 处。在我精力充沛之时，我还会去一些地方搜集这些稀有珍宝，我们每个人都应有为弘扬优秀的中华民族文化而呐喊的精神。作为中华儿女，我们应用最好的方法，将这些宝贝保护起来，更好地传承优秀的中华民族文化，让世界对中国文化的水平肃然起敬。

19. 汤山矿坑公园

矿坑公园位于江宁区汤山温泉旅游度假区美泉路以北，汤山山体以南，共由5个采石宕口组成，占地面积约40公顷，是目前汤山山体最大的废弃矿坑。

根据南京紫东片区发展战略要求，汤山定位为文旅之城。围绕文旅主题，汤山以矿坑公园先行先试，不断丰富业态内容，打造集温泉体验、文化创意、亲子娱乐等功能为一体的综合性城市开放公园。

矿坑公园是张唐景观设计有限公司目前完成（部分建成）的尺度最大的一个项目，由南京汤山温泉旅游管委会主导开发建设。矿坑公园位于汤山国家旅游度假区内汤山山体南侧。在东南大学对汤山温泉小镇的新规划中，这里将成为未来吸引旅游度假人群的目的地之一。

汤山矿坑公园（一） 高祥生工作室摄于 2021 年 1 月

汤山矿坑公园（二） 高祥生工作室摄于 2021 年 1 月

汤山矿坑公园（三） 高祥生工作室摄于 2021 年 1 月

汤山矿坑公园（四）　高祥生工作室摄于 2021 年 1 月

汤山矿坑公园（五）　高祥生工作室摄于 2021 年 1 月

围绕"绿水青山就是金山银山"的生态发展理念，近几年汤山立足生态修复，对国家级旅游度假区范围内 19 处采石宕口进行了系统性梳理，分类分年度制订了生态修复计划。

我们参观汤山矿坑公园是在 2020 年的隆冬季节，隆冬季节的矿坑公园里天寒地冻，但机器的轰鸣声、工人的口号声连成一片，使人感受到建设者的奋斗精神。这是一个未完成营建的工地，眺望粗犷陡峭的岩壁和三个已经废弃但准备修复的宕口，我们又听技术人员介绍了对未来三个宕口的处理设想：将来的矿坑公园将引入温泉中心、音乐场所、房车营地、儿童乐园、餐厅茶室、博物馆等等，我感到这是大师手下的大手笔，这大手笔一定会使宕口变为美景。

汤山矿坑公园的主要建筑景观会长成什么样，我不得而知，但我知道设计需要表现矿坑的历史，表现建筑景观的现代感，处理好建筑、构筑物、景观、宕口及矿山环境等的结构尺度关系，这些一定是必须解决的问题。然而我深信，有这几位建筑设计大师出马，所有的问题都不是问题。设计后的汤山矿坑公园一定是全国顶级的公园。

汤山矿坑公园（六） 高祥生工作室摄于 2021 年 1 月

汤山矿坑公园（七） 高祥生工作室摄于 2021 年 1 月

工地的规模是宏大的，设计的思路是清晰的。我们虽然未曾看到基建的图纸，只是在宣传牌上看到汤山矿坑公园的主要设计者是王建国院士、孟建民院士、韩冬青院士、张东高级景观设计师等这几位大师，但我深知他们操刀设计的水平，相信在他们精心的设计下汤山矿坑公园在未来一定是景色优美的，一定是南京市著名的景点。

汤山矿坑公园（八） 高祥生工作室摄于 2021 年 1 月

20. 南京阳山碑材遗址

南京阳山碑材遗址是反映 1402 年明成祖朱棣起兵夺得侄儿的帝位后，为笼络人心而决定建一巨型的《大明孝陵神功圣德碑》，以歌颂朱元璋的丰功伟绩而开采巨型碑材的场景。这场景既反映了建碑工程的浩大，也反映了采石工人的艰难、智慧和辛酸血泪。

南京阳山碑材遗址（一） 高祥生工作室摄于 2021 年 1 月

南京阳山碑材遗址（二） 高祥生工作室摄于 2021 年 1 月

南京阳山碑材遗址（三） 高祥生工作室摄于 2021 年 1 月

南京阳山碑材遗址（四） 高祥生工作室摄于 2021 年 1 月

南京阳山碑材遗址（五） 高祥生工作室摄于 2021 年 1 月

　　开凿的碑材有三块，分别为碑首、碑身和碑座，均为半成品，碑材尚未打磨，表面仍留有如同用巨斧依山体切下的肌理痕迹。根据碑材的测量结果知道，碑首高 6 米，宽 11.74 米，厚 4.6 米，重量 862 吨；碑身高 25 米，宽 9.84 米，厚 4 米，重 2617 吨；碑座高 8.59 米，宽 11.64 米，长 23.3 米，重 6198 吨。三块

碑材的叠加高度约为 40 米，重达 9677 吨。根据《文渊阁四库全书》"集部"一七六卷、三一三卷可知，碑材开凿始于明代永乐二年十月（1404 年 11 月），停止于永乐三年八月（1405 年 9 月），征集劳工囚徒 1000 余人，耗时 300 多天。

南京阳山碑材遗址（六） 高祥生工作室摄于 2021 年 1 月

南京阳山碑材遗址（七） 高祥生工作室摄于 2021 年 1 月

大石碑虽已成雏形，但是最终明成祖朱棣放弃了对石碑的继续开采，其原因说法不一，但工程巨大、困难重重是最基本的原因。当时流传的一首民谣说："东流到西流，锁石锁坟头；东也留，西也留，神仙也摇头；若要碑搬家，除非山能走。"诗人袁枚作著名的《洪武大石碑歌》，其中有"碑如长剑青天倚，十万骆驼拉不起"的诗句，并写出劳工因完不成考核任务被杀、被迫投井的惨状。诗歌描述了当时劳工凿碑之难、之惨，以及阳山碑材山脚下不断出现新的坟头的凄惨景象。

南京阳山碑材遗址（八）　高祥生工作室摄于 2021 年 1 月

　　我有朋友曾在 10 多年前多次去过阳山碑材工地，那时的阳山碑材工地，没有粉饰的痕迹，现场感觉是悲壮、凄惨、宏大的，这凝聚了古代劳工的智慧、力量和血泪。

南京阳山碑材遗址（九）　高祥生工作室摄于 2021 年 1 月

南京阳山碑材遗址（十）　高祥生工作室摄于 2021 年 1 月

燕子矶公园（一） 高祥生摄于 2020 年 4 月

21. 燕子矶公园

燕子矶位于江苏省南京市栖霞区幕府山东北角观音门外，作为长江三大名矶之首，燕子矶有着"万里长江第一矶"的称号。燕子矶是岩山东北的一支，海拔 36 米，山石直立于江上，三面临空，形似燕子展翅欲飞，故名为燕子矶，在古代是重要渡口。

康熙、乾隆二帝下江南时，均在此停留。乾隆在此书有《燕子矶》碑。"燕矶夕照"为清初金陵四十八景之一。燕子矶附近有弘济寺、观音阁等建筑。岩山有 12 洞，为江水冲击而成，大多是悬崖绝壁。其中以三台洞最为深广曲深。

燕子矶公园（二） 高祥生摄于 2020 年 4 月

燕子矶公园（三） 高祥生摄于 2020 年 4 月

达摩洞（一） 高祥生摄于 2020 年 4 月

达摩洞（二） 高祥生摄于 2020 年 4 月

达摩洞（三） 高祥生摄于 2020 年 4 月

22. 达摩洞

达摩洞位于南京市栖霞区三台洞西，洞高 90 米，洞壁四周有不少碑刻和佛龛，多为明代遗存。

达摩洞（四） 高祥生摄于 2020 年 4 月

朝天宫（一）　高祥生摄于 2019 年 12 月

23. 朝天宫

（1）朝天宫的历史

　　朝天宫位于南京市秦淮区水西门内，春秋时吴王夫差在这里建造城墙，并设置冶铸作坊制造兵器，逐渐形成了原始城邑。三国东吴时期，孙权在这里设置冶宫，将冶山作为东吴制造铜铁器的重要场所。东晋太元十五年（390），于此建冶城寺，冶山为丞相王导的"西园"，此后这里成为道教圣地。南朝刘宋泰始六年（470）在冶山建立"总明观"。南朝时期，朝天宫是中国南方最早的科研机构总明观的所在地，观内集中了来自南朝时期国内各地的科学精英，他们在总明观交流、研究社会科学和文化艺术的成果。

　　唐朝时冶山改为"太极宫"，宋朝时称"天庆观"，元朝时称玄妙观，后改为"大元兴永寿宫"。明朝洪武十七年（1384），朱元璋下诏改建，并赐名"朝天宫"，取"朝拜上天""朝见天子"之意，是明代皇室贵族焚香祈福的道场和节庆前文武百官演习朝拜天子礼仪的场所。朝天宫占地 300 多亩，有殿堂房庑数百间，明末部分建筑毁于战火。清朝初年，这里曾是道观，清代康熙、乾隆年间，随着江南社会经济的恢复和发展，朝天宫也逐渐得到重修，规模甚大，"宫观犹盛，连房栉比"。

朝天宫（二） 高祥生摄于 2019 年 12 月

太平天国时期将朝天宫改为制造和储存火药的"红粉衙"。清朝同治五年（1866）将朝天宫改为孔庙并把江宁府学迁入。民国时期朝天宫作为中央教育馆，后改为首都高等法院。抗日战争时期其曾为保护北京故宫博物院的一批珍贵文物提供了场所。1949 年后，朝天宫成为南京市文物保管委员会（南京市博物馆前身）所在地。1956 年，朝天宫被列为江苏省文物保护单位；1978 年，被辟为南京市博物馆；1988 年至 1992 年，朝天宫首次揭顶大修；2005 年，朝天宫被列为国家 AAAA 级旅游景区；2010 年，所有的建筑，包括棂星门、东西厢房、景阳阁、飞霞阁等，均进行了揭顶大修，工程面积近 5 万平方米。2013 年，朝天宫被列为全国重点文物保护单位。

（2）朝天宫的建筑形制

朝天宫是江南地区文庙建筑的典范，基本上保留了明代宫殿式体制。朝天宫古建筑群占地面积约 7 万平方米，是江南地区现存最大最为完好的一组古建筑群。朝天宫布局里中为文庙，东为府学，西为卞壶祠。文庙前是运渎，大门正南照壁上砖刻"万仞宫墙"四个大字，墙内有一泮池。宫墙东、西两面入口处各有石础砖砌牌坊一座，三间三拱门，中门较大，上有砖刻横额，东为"德配天地"，西为"道贯古今"。西坊门处有下马碑，上刻"文武官员军民人等至此下马"。

朝天宫（三） 高祥生摄于 2019 年 12 月

朝天宫（四） 高祥生摄于 2019 年 12 月

朝天宫（五） 高祥生摄于 2019 年 12 月

朝天宫（六） 高祥生摄于 2019 年 12 月

朝天宫（七） 高祥生摄于 2019 年 12 月

朝天宫（八） 高祥生摄于 2019 年 12 月

朝天宫（九） 高祥生摄于 2019 年 12 月

自南往北，棂星门是文庙的正南门。四根柱前南北各有石狮一尊，雌雄成对，共 8 只。牌坊通面阔约 15.5 米。门内两厢东为文吏斋、司神库，西为武官斋、司牲亭等。戟门面阔五间约 29 米，进深约 12.3 米，重檐歇山顶，上下檐均用斗拱。

棂星门前方设有大成门，过大成门迎面是大成殿，这是文庙的主体建筑，也是文庙的中心建筑，殿内正中原来曾供奉过孔子的牌位。建筑用材较大，殿前丹墀基本如旧，东西两庑和走廊各十二间。大成殿后是崇圣殿，亦称先贤祠，歇山顶，檐下斗拱。殿后高处有敬一亭，亭东有飞云阁、飞霞阁等；阁前有御碑亭，碑上刻乾隆六巡江南时为朝天宫景区所题诗文，故名。敬一亭两旁叠石堆山，筑水池，布置庭院，这里是冶城的最高点。

20 世纪七八十年代，朝天宫棂星门前曾一度为百姓自发的古玩市场。21 世纪初古玩市场搬至朝天街，朝天宫再次修缮、出新。

现在的朝天宫对市民、游客开放，展现的是出新后的面貌。

朝天宫（十） 高祥生摄于 2019 年 12 月

朝天宫（十一） 高祥生摄于 2019 年 12 月

牛首山（一） 高祥生摄于 2017 年 11 月

牛首山（二） 高祥生摄于 2020 年 4 月

24. 春光明媚牛首山

　　南京人或了解南京的人都知道"春牛首，秋栖霞"一说，春牛首是说牛首山的春光无限。

　　广义的牛首山是指在南京江宁区由牛首山、祖堂山、将军山、东天幕岭、西天幕岭、隐龙山等组成的山丘地带，狭义的牛首山通常指现在的牛首山景区。牛首山的"牛首"二字源于《金陵览古》中"遥望两峰争高，如牛角然"。有史料记载，东晋定都南京时，元帝想在都城的南方建双阙，以示皇尊，但东晋初创，财力不足，丞相王导进谏，出宣阳门，朝南眺望，便见牛首山双峰对峙，景色壮观，便遥指山峰：此天阙也，岂烦改作。于是元帝称牛首山为天阙。

　　牛首山景色秀丽，景点众多，自然景观原有郑和泉、感应泉、虎跑泉、白龟池、兜率岩、文殊洞、辟支洞、地涌泉、含虚阁、饮马池等，人文建筑有佛顶寺、佛顶塔、佛顶宫、郑和墓和抗金故垒、朝天阙等。

牛首山（三） 高祥生摄于 2020 年 4 月

　　牛首山曾多次遭遇劫难，特别是 1937 年南京沦陷后，日军将全山的树木砍伐一空，历史建筑付之一炬，后又遭人为破坏。

　　20 世纪 80 年代后牛首山进行了风景区的规划设计，之后逐步修建、扩建、增建了诸多建筑和景点，并确定打造禅文化休闲度假景区，规划的主旨是："天阙藏地宫，双塔出五禅""一花五叶"（"五叶"指"文化禅、自然禅、生活禅、生态禅、艺术禅"等五大片区）。从此牛首山面貌日新月异，恢复了"秀宇层明、松岭森阴、绮馆绣错、缥缈玲珑"之面貌。

春日，要数东入口处的停心湖春意最浓：牛首山的停心湖湖面为东西向不规则的长条形，湖面上有石阶和集贤桥，在东西两侧任意欣赏都层次分明。停心湖的深绿色的湖水碧波荡漾，湖岸上的乔木、灌木错落有致，伸出枝丫亲吻着湖水。

岸边绿色的草坪像巨大的毛毡与裸露的山体混合在一起，构成一大片绿色的坡地，名叫法融广场。法融广场上有法融伏兽雕塑，雕塑以法融坐像为主，周边有鹿、虎等动物。法融禅师坐像及周边动物均采用紫铜制作，蒲团及禅石采用芝麻白石材。这塑造出了一幅"法融说法，群兽听禅"的场景，反映了牛头宗的创始人法融大师修行弘法的经典场景。

牛首山（四） 高祥生摄于 2020 年 4 月

牛首山（五） 高祥生摄于 2020 年 4 月

牛首山（六） 高祥生摄于 2020 年 4 月

　　法融禅师坐像是面对着停心湖的，停心湖贯穿于整个佛顶前苑的中心。在景区的各处，还会发现分布着许多小佛像的雕塑，它们的形态都非常可爱，每一座都有着独特的样子。

　　在停心湖的西侧有"水牛"的雕塑，"水牛"的东侧有巨大的白色的取景框，名叫心铭墙，墙面总长约 23 米，墙高约 1.9 米，墙面材质为汉白玉，采用阴刻的雕刻方式，正反两面分别刻有《心铭》和《十小咒》全文。在这框内青山绿水、拱桥叠石都囊括其中，且移步异景，风光无限。

牛首山（七） 高祥生摄于 2020 年 4 月

牛首山（八） 高祥生摄于 2020 年 4 月

牛首山（九）　高祥生摄于 2020 年 4 月

牛首山（十）　高祥生摄于 2020 年 4 月

牛首山（十一）　高祥生摄于 2020 年 4 月

牛首山（十二）　高祥生摄于 2020 年 4 月

在这里阳光灿烂，春光明媚，万物生发，我不禁自语："春牛首、春牛首。"

在牛首山东峰南面的坡地上有一个寺庙，名叫佛顶寺，是舍利护持僧团的弘法道场。其建筑礼制沿袭禅宗佛教寺院的伽蓝七堂之制，依山造势，以中轴线贯穿，庄严对称，主次分明。在佛顶寺山门前石桥下有一放生池，池中有10个龙头状的石兽。

佛顶寺分为南北两个片区，南片区包括茶苑区、僧寮区和斋堂区，以庭院式布局为主；北片区包括礼佛区、弘法区，以宫殿式布局为主。

佛顶寺是牛首山一期工程的三大文化项目之一，既是护持顶骨舍利僧人的修行、弘法道场，也是游客信众礼佛，学习佛法的重要场所。

牛首山（十三）　高祥生摄于 2020 年 4 月

牛首山（十四）　高祥生摄于 2020 年 4 月

牛首山（十五） 高祥生摄于 2020 年 4 月

牛首山（十六） 高祥生摄于 2020 年 4 月

现在的牛首山景区一方面恢复了历史上的景点，另一方面又扩建了部分景点，特别是南京报恩寺遗址发掘后，经多方讨论后决定在牛首西岳的山谷兴建佛顶宫。我数次朝圣过佛顶宫，拍摄过一些照片。佛顶宫的屋顶犹如披盖佛祖的袈裟，巨大、恢宏、壮丽，佛顶宫与佛顶塔相互依靠；佛顶宫前的水池倒映着佛顶宫，恍如仙境。

牛首山（十七） 高祥生工作室摄于 2022 年 2 月

佛顶宫的室内有九层，供奉着佛祖的舍利和佛教的圣人、佛教的圣事。关于佛教的圣人我知之甚少，不敢狂言，只觉得这里的室内金碧辉煌。对此我无比敬畏，而又自觉在佛祖和圣人前面无比渺小，进而深感"佛法无边"。

佛顶宫前有一方水池，水池倒映着佛顶宫，倒映着佛顶塔，倒映着池岸上的万物。水池中的水是洁净的，我觉得这洁净的水可以洗涤尘世间的污浊。

人们聚集在南京牛首山瞻仰或朝拜佛顶宫，个个面带笑容，心怀喜悦。人们身后佛光普照，眼前阳光灿烂，风光无限。

牛首山（十八）　高祥生工作室摄于2022年2月

牛首山（十九）　高祥生工作室摄于2022年2月

牛首山（二十）　高祥生工作室摄于2022年2月

牛首山（二十一）　高祥生工作室摄于 2022 年 2 月

牛首山（二十二）　高祥生工作室摄于 2022 年 2 月

牛首山（二十三）　高祥生工作室摄于 2022 年 2 月

栖霞山（一） 高祥生摄于 2019 年 11 月

25. 栖霞山

　　我在南京学习、工作 50 余年，其间几乎一两年就会去栖霞山一次，或是自己写生，或是带学生写生。栖霞山景区特别是栖霞寺的景区，我都去过，但对其文化脉络和文化特点不是很清楚。近年来为编写南京的著名景点，我又查阅了有关栖霞山文化历史的资料，同时也多次去实地调研，算是找出了文化脉络，认定了栖霞山的文化特色。

　　有资料说，栖霞山 80 多处的历史古迹遗址，汇集了宗教文化、帝王文化、绿色文化、民俗文化、地质文化、石刻文化、茶文化等。我认为栖霞山作为千年古刹，毫无疑问具有诸多的文化元素，但给我印象最深的还是栖霞山的"佛教文化"和"红枫文化"。

20 世纪 80 年代初我就随著名水彩画家崔豫章教授两次专程去栖霞山画隋朝时期的舍利塔和千佛洞，崔先生笔下的水彩舍利塔古朴凝重，千佛洞以红枫陪衬画面，水色交融。我除了被先生的精彩作品折服外，也深深感到栖霞寺、栖霞山的古风古韵。80 年代中期至 90 年代初期我每两年就会带学生到栖霞山、栖霞寺写生，我指导学生画过山门、毗卢宝殿、弥勒佛殿、藏经阁等。

毗卢宝殿是栖霞寺中规格最高的寺庙建筑，从栖霞寺广场进入毗卢宝殿要经过栖霞古寺。休息时间我们与寺庙中的僧人聊天，僧人告诉我们在南京地区的寺庙中，栖霞寺的资格最老，办佛学的学校规格最高，所以栖霞山与鸡鸣寺不同。栖霞寺是佛学院，鸡鸣寺是佛学班。僧人告诉我们栖霞寺与山东的灵岩寺、湖北的玉泉寺、浙江的国清寺并称天下四大寺。现在栖霞寺占地 40 多亩，庙宇建筑依山而建，层层递升，严整美观。我们算多了一个见识，对栖霞寺多了几分敬仰之心。

栖霞山（二）高祥生摄于 2020 年 12 月

栖霞山（三） 高祥生摄于 2019 年 11 月

　　这几年我多次去栖霞寺拍照，感到今日的栖霞寺已经今非昔比了。除了在原建筑基础上修缮、维修外，还拓展了许多建筑的门楼，廊道，甚至是扩建了池塘、景观、景区，设置了表示佛学故事的雕塑、壁画、装置，有的还十分传神，在设计作品中也堪称上乘之作。

　　栖霞寺的入口左侧是一长廊，廊道上悬挂了大红灯笼，既有佛事气息，又有喜庆的感觉。跨过长廊另有一片天地，在这片天地的南端是大片的冠木、乔木和有佛学意义的雕塑装置。这片天地的北端有一水池，水池中设一座凉亭和有佛学意义的雕塑、装置。正对水池的长廊入口处有一副楹联：明眸观楼云青砕，镜面映耀火红枫。在这片天地虽然设置了诸多有佛事意义的雕塑，但人们置身其中更有观景、休闲的感受。

栖霞山（四） 高祥生摄于 2019 年 11 月

栖霞山（五） 高祥生摄于 2020 年 12 月

栖霞山（六）　高祥生摄于 2019 年 11 月

栖霞山（七）　高祥生摄于 2019 年 11 月

栖霞山（八）　高祥生摄于 2019 年 11 月

栖霞山（九） 高祥生摄于 2020 年 12 月

栖霞山（十） 高祥生摄于 2021 年 11 月

栖霞山（十一） 高祥生摄于 2021 年 11 月

栖霞山（十二） 高祥生摄于 2021 年 11 月

栖霞山（十三） 高祥生摄于 2021 年 11 月

栖霞山（十四） 高祥生摄于 2020 年 12 月

栖霞山（十五） 高祥生摄于 2019 年 11 月

栖霞山（十六） 高祥生摄于 2019 年 11 月

庙宇广场是空旷的，广场的两侧为两组寺庙建筑，前方是新开设的白莲池，池的后方有两尊香炉和一个香案。香客绕着香案和香炉虔诚地供香，香案和香炉上方还弥漫着香火的烟雾。白莲池的水是深绿色的，静谧的。池水清澈，水中可以见到栖霞寺广场和栖霞寺的大殿，可以见到来来往往的香客和游客。水池的岸壁上镌刻着"白莲池"。

离开栖霞寺、栖霞山前我们用航拍机来记录了栖霞山、栖霞寺的全貌。在航拍的镜头中我们看到栖霞山的枫叶已经绽开。这里的红枫、鸡爪槭、三角枫、羽毛枫都已连成一片。在湛蓝的天空下，金色、红色的建筑中，枫叶犹如落日的晚霞，使人陶醉……这就是人们常说的"栖霞丹枫"。

栖霞山（十七） 高祥生摄于 2019 年 11 月

栖霞山（十八） 高祥生摄于 2020 年 12 月

栖霞山（十九） 高祥生摄于 2019 年 11 月

栖霞山（二十） 高祥生摄于 2019 年 11 月

老门东（一） 高祥生摄于 2016 年 7 月

26. 老门东

　　老门东位于南京市秦淮区中华门以东，因地处南京京城南门（即中华门）以东，故称"门东"。历史上的老城南是南京最发达的商业区及主要居住区之一，如今按照传统样式复建传统中式建筑，集中展示传统文化，力求再现老城南原貌。

老门东（二） 高祥生摄于 2016 年 7 月

老门东（三） 高祥生摄于 2016 年 7 月

老门东（四） 高祥生摄于 2022 年 2 月

老门东（五） 高祥生摄于 2016 年 7 月

老门东（六） 高祥生摄于 2022 年 2 月

老门东（七） 高祥生摄于 2022 年 2 月

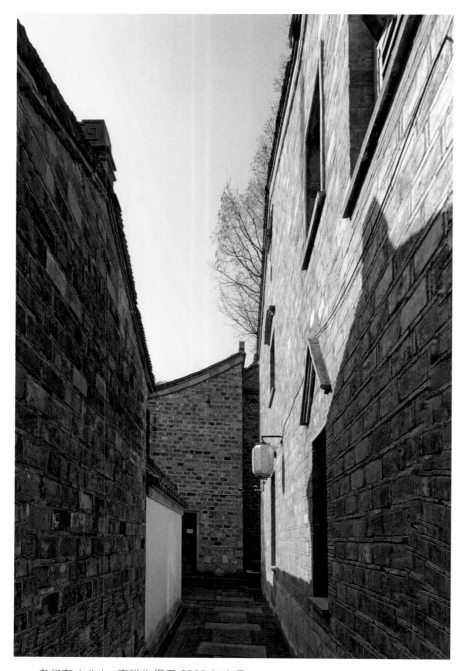

老门东（八） 高祥生摄于 2022 年 2 月

老门东（九） 高祥生摄于 2022 年 2 月

老门东（十） 高祥生摄于 2018 年 1 月

老门东（十一） 高祥生摄于 2018 年 1 月

老门东（十二） 高祥生摄于 2018 年 1 月

老门东（十三） 高祥生摄于 2018 年 1 月

老门东（十四） 高祥生摄于 2018 年 1 月

老门东（十五）　高祥生摄于 2018 年 1 月

老门东（十六）　高祥生摄于 2018 年 1 月

老门东（十七） 高祥生摄于 2018 年 1 月

老门东（十八） 高祥生摄于 2018 年 1 月

中华门瓮城东西两侧建有 11.5 米宽、86.1 米长的宽敞而又陡峭的马道，是战时将领登城和运送军需物资至主城门的策马快道。中华门采用巨石作城门基础，墙体用长 40～50 厘米、宽约 20 厘米、厚 10 厘米上下的方块城墙砖砌筑，城墙砖之间以糯米汁、石灰、桐油拌和后作黏结剂砌筑。

明代建造聚宝门时，朝廷为保证城墙砖的质量，采取了严密的检验制度：每块砖上都在侧面印有制砖工匠和监造官员的姓名，一旦发现不合格制品，立即追究责任。这是世界上首次采用的质量追踪制度，欧洲等西方世界直到约 400 年后的工业革命时代才有所采用。因为有严密的质量追踪制度，并能够严格地加以执行，所以应天府内聚宝门包括其他城墙的质量非常过硬，尽管经历了朝代更迭、太平天国起义和抗日战争的不平静历史，直到 600 多年后的现代，聚宝门即中华门依然保存完好。中华门南侧有秦淮河沿城墙横贯东西，并形成城内城外的界线，即以中华门为中心划定南京门东和门西两个繁华的居民生活区。

中华门与大报恩寺遗址的大报恩寺塔隔河相望，遥相呼应，共同构成南京城南的重要景观。

中华门（七） 高祥生摄于 2019 年 9 月

玄武门（一）　高祥生摄于 2020 年 12 月

（2）玄武门

　　玄武湖六朝以前称桑泊，晋朝时称北湖，明代时建成。玄武湖在京城内，而现在的玄武门原来就是一处城门。1909 年此处被辟为公园，称元武湖公园，后传说因宋文帝在元嘉二十五年（448）五月见湖中有黑龙，便改为玄武湖公园；又说改元武为玄武是表明廉政。

玄武门（二）　高祥生工作室摄于 2020 年 12 月

（3）中山门

中山门原为明代朝阳门瓮城，因城门位于南京城东，最先迎来太阳而得名。抗日战争爆发后，中国守军在此与日军展开了惨烈的南京保卫战。现在原朝阳门瓮城已不存在，但三孔拱券城门已被列为全国重点文物保护单位。

南京中山门是沪宁高速进入南京城的入口，中山门城墙与门外辟邪成为南京城的象征。

中山门　　高祥生工作室摄于 2021 年 2 月

挹江门（一） 高祥生工作室摄于 2021 年 2 月

（4）挹江门

挹江门是南京明城墙中后辟的城门，位于鼓楼区西北端，架两山之间。中央大道穿城门而进，是连通南京城内与下关码头的重要通道。挹江门原为单孔门，曾名为海陵门。

1928 年海陵门易名为挹江门。1929 年为迎接孙中山灵柩，改为三孔拱券门。

1937 年日本人入侵南京，南京失守，国民党军撤退，市民逃离。

1949 年 4 月 23 日，中国人民解放军取得渡江战役的胜利，就是从挹江门进入南京市区的。

挹江门（二） 高祥生工作室摄于 2021 年 2 月

解放门（一） 高祥生工作室摄于 2020 年 10 月

（5）解放门

　　南京的解放门是在原明城墙的基础上于 1954 年新开的城门。城洞为单孔拱券门。解放门的开设方便了市民进出。1998年解放门城墙上开设了明城垣史博物馆，城墙上展有旧时的火炮和战车。后因明城垣史博物馆空间狭小，南京城墙博物馆项目正式启动。

　　解放门段城墙环绕玄武湖大半圈，连接了玄武门、解放门、九华山公园和太平门。

解放门（二） 高祥生工作室摄于 2020 年 10 月

清凉门（一） 高祥生工作室摄于 2021 年 2 月

（6）清凉门

清凉门始建于明朝洪武初年，因坐落在清凉山而被命名为清凉门。

清凉门位于南京鼓楼区城西，坐东朝西，是南京城墙现存的四个明朝城门原物之一。其文物价值极大，是研究中国古代军事设施的重要实物资料。

清凉门是半圆形内瓮城城门，建有内瓮城一座，门垣共两道，两道城墙间设瓮城，内瓮城正对主城门。主城门为单孔拱券结构，城门上的城楼现已不存在，其余基本保存完好。

清凉门于明朝洪武十二年（1379）改称清江门，明朝中期复名。现清凉门为石头城公园南侧的重要古迹。

清凉门（二） 高祥生工作室摄于 2021 年 2 月

神策门（一） 高祥生工作室摄于 2021 年 2 月

（7）神策门

　　神策门又称和平门，位于南京市玄武区中央门以东、南京火车站以西，坐南朝北，是保存较为完整的一座明城墙，也是保留镝楼的城门。

　　神策门是南京明城墙中唯一的外瓮城城门。神策门建有外瓮城一座，门垣共两道，瓮城设有左右两个门洞。神策门因明朝洪武初年，门处驻扎精锐禁军"神策卫"而得名。2001 年南京市人民政府辟神策门为公园。

神策门（二） 高祥生工作室摄于 2021 年 2 月

汉西门（一）　高祥生工作室摄于 2020 年 4 月

（8）汉中门

汉中门是民国时期增建的城门，位于南京城西，现城门已毁。附近辟有汉中门广场，广场内设明代城门汉西门瓮城。1958 年前后，汉中门城门被拆除。

汉西门（二）　高祥生工作室摄于 2020 年 4 月

（9）华严岗门

南京华严岗门是新建城门。2007年察哈尔路需要西延，于是在丁山脚下修建了一座四孔城门。

华严岗门　高祥生工作室摄于 2020 年 4 月

（10）武定门

武定门为南京明城墙增辟的京城城门之一，位于中华门、雨花门与通济门之间，城门因邻近武定桥而得名。

武定门段城墙原为明城墙上的一处豁口，1933 年被改造兴建为一处城门，并被命名为武定门。

20 世纪 50 年代武定门遭拆除。2010年，南京市人民政府重新连接武定门段城墙，复建武定门，为三拱券城门，从此长乐路南北两侧的明城墙连成一体。登武定门城墙后可达东水关、中华门、集庆门等城门。

武定门公园位于秦淮区长乐路，邻近白鹭洲公园，是一处以广场、绿化、城墙建筑为主体的景区。

武定门　高祥生工作室摄于 2021 年 3 月

（11）仪凤门

仪凤门建于明朝洪武初年，因取有凤来仪之意而得名，又称兴中门，位于南京狮子山与绣球山之间，坐东朝西。两冀城墙依山而建，北接狮子山，南连绣球山，城门架于两山坳之间。

仪凤门与钟阜门相对而建，传说卢龙山麓有龙凤呈祥之形胜，为阅江楼风景区的重要组成部分。

1958—1959 年，仪凤门被拆除，但两侧城墙保存完好。2006 年，仪凤门复建，两侧城墙重新连接。

仪凤门　高祥生工作室摄于 2019 年 12 月

太平门　高祥生工作室摄于 2020 年 4 月

（12）太平门

太平门位于明南京城东北垣，是明朝京城的正北门，而城门外为天牢所在地。因希望城内太平和谐，故取名太平门。

2014 年改建太平门通道，设四股车道，整个城门宽约 72.6 米。

东水关遗址　高祥生工作室摄于 2020 年 4 月

西水关　高祥生工作室摄于 2020 年 6 月

明孝陵（一） 高祥生工作室摄于 2019 年 10 月

28. 明孝陵

明孝陵位于江苏省南京市玄武区紫金山南麓独龙阜玩珠峰下，东毗中山陵，南临梅花山，位于钟山风景名胜区内，是明太祖朱元璋与其皇后的合葬陵寝。因皇后马氏谥号"孝慈高皇后"，又因奉行孝治天下，故名"孝陵"。其占地面积达 170 余万平方米，是中国规模最大的帝王陵寝之一。

明孝陵始建于明洪武十四年（1381），至明永乐三年（1405）建成，先后调用军工约 10 万，历时达 25 年。承唐宋帝陵"依山为陵"旧制，又创方坟为圜丘新制，将人文与自然和谐统一，达到天人合一的完美高度，成为中国传统建筑艺术文化与环境美学相结合的优秀典范。

明孝陵作为中国明清皇陵之首，代表了明初建筑和石刻艺术的最高成就，直接影响了明清两代 500 余年 20 多座帝王陵寝的形制。依历史进程分布于北京、湖北、辽宁、河北等地的明清皇家陵寝，均按南京明孝陵的规制和模式营建。明孝陵在中国帝陵发展史上有着特殊的地位，故而有"明清皇家第一陵"的美誉。

明孝陵（二） 高祥生工作室摄于 2019 年 10 月

明孝陵（三） 高祥生工作室摄于 2019 年 10 月

明孝陵（四）　高祥生工作室摄于 2019 年 10 月

　　1961 年 3 月，明孝陵被国务院公布为首批全国重点文物保护单位；1982 年，被列为国家重点风景名胜区；2003 年 7 月，明孝陵及明功臣墓被列为世界文化遗产；2007 年，被列为首批国家 5A 级旅游景区。

明孝陵（五） 高祥生工作室摄于 2019 年 10 月

明孝陵（六） 高祥生工作室摄于 2019 年 10 月

明孝陵（七） 高祥生工作室摄于 2019 年 10 月

明孝陵（八） 高祥生工作室摄于 2019 年 10 月

明孝陵（九） 高祥生工作室摄于 2019 年 10 月

明孝陵（十）　高祥生工作室摄于 2019 年 10 月

石象路（一）　高祥生工作室摄于 2019 年 10 月

29. 石象路

　　石象路位于江苏省南京市玄武区紫金山上的明孝陵景区内，是明孝陵神道的第一段，长约 615 米，沿途依次排列 6 种石兽。这些石兽用整块巨石采用圆雕技法刻成，线条流畅圆润，气魄宏大，风格粗犷，既标志着帝陵的崇高、圣洁、华美，也起着保卫、辟邪、礼仪的象征作用。

　　石象路由东向西北延伸，两旁依次排列着狮子、獬豸、骆驼、象、麒麟、马 6 种石兽，每种 2 对，共 12 对 24 件，每种两跪两立，夹道迎侍。

石象路（二） 高祥生工作室摄于 2020 年 4 月

石象路（三） 高祥生工作室摄于 2020 年 4 月

30. 南京郑和公园

南京郑和公园位于南京市秦淮区太平南路的中段东侧，始建于1953年，原名太平公园，1985年5月3日为纪念郑和下西洋580周年而更名为郑和公园。郑和公园占地约2.2公顷，建筑面积约2100平方米。公园内有优雅的长廊、中式的双抱亭和庭院式的郑和纪念馆。

南京郑和公园（一）　高祥生工作室摄于 2020 年 4 月

南京郑和公园采用的是古典江南园林风格，公园内有亭台楼阁、小桥流水、绿荫拂岸，它们相互映衬。园中用200多吨的太湖石堆砌起玲珑峻峭的假山，山顶有别致的三角亭。园中的郑和纪念馆是一座仿明建筑。走进大门，右边是白色大理石的郑和雕塑，馆内陈列着与郑和相关的物品。

南京郑和公园（二）　高祥生工作室摄于 2020 年 4 月

南京郑和宝船厂遗址公园（一） 高祥生工作室摄于 2022 年 4 月

31. 南京郑和宝船厂遗址公园

　　南京郑和宝船厂遗址公园在南京市鼓楼区江东街道漓江路 57 号。公园坐落于 600 多年前的龙江宝船厂遗址之上，是南京市为纪念郑和下西洋 600 年而投资开发的一座融旅游、纪念、展览、休闲为一体的大型遗址性公园。600 多年前这一带江汉纵横、芦草连天、地势开阔，直通长江，后被选中辟建为宝船厂。当年宝船厂占地 1000 余亩，开作塘（船坞）7 条，史载大型宝船"悉数建造于宝船厂"，是当年世界上规模较大的造船厂之一。现仅存古船坞遗址 3 条，也就是现在的四、五、六作塘。

　　现在的景区里面有当年郑和船队的中号宝船，是按照 1 : 1 尺度设计建造的大型木船，还原了当年船队风貌的遗迹，游人可以细细观赏。

南京郑和宝船厂遗址公园（二）　高祥生工作室摄于 2022 年 4 月

南京郑和宝船厂遗址公园（三）　高祥生工作室摄于 2022 年 4 月

南京郑和宝船厂遗址公园（四）　高祥生工作室摄于 2022 年 4 月

南京郑和宝船厂遗址公园（五）　高祥生工作室摄于 2022 年 4 月

人工开凿的胭脂河　高祥生工作室摄于 2021 年 2 月

32. 天生桥

　　在南京溧水有一条绵长蜿蜒的河流，河上有一条笔直笔直的石桥，石桥横跨在两岸的山岗上，与山岗连成一体，严丝合缝。两岸的石壁像是由利斧劈斩过的巨石垒起，巨石的表面是暗红色的，在巨石石壁上有纷乱的草丛，石块又不时探出"脸面"，似乎想告诉人们这里曾经发生的故事。

　　在明代，明太祖为开通南京与苏南、南京与浙北的漕运，

便动用数十万民工，耗时 10 余年在溧水开凿河道，建造石桥。

　　据《溧水县志》记载，开山时先用铁钎在岩石上凿缝，将麻绳伸入缝内，浇以桐油后点火燃烧，待岩石烧红，泼以冷水，利用热胀冷缩的原理使其开裂，撬开石块，清理碎石，于是就有了"焚石凿河"一说；也因岩石呈暗红色，于是就有了"胭脂"一说。

俯视天生桥全貌，桥是笔直笔直的，数十米下的胭脂河蜿蜒曲折，河水缓缓而行。望着这一切，我在想这巨大的工程在科技还没有现在发达的明代需要多大的智慧、多大的力量，其难度令世界惊叹，让鬼神折服。这工程足以体现设计者、建造者在与自然抗争中超人的智慧和不屈不挠的精神。

"天生桥"实际上是人工的，但对其命名却轻描淡写，这就显示了中华民族笑傲山河、战胜一切艰难困苦的气概。

天生桥，一座传承中华文化的桥，一座见证中华民族精神的桥，现在已逐渐淡出人们的视线，但我们和我们的后人都应记住这座已经退却功能的桥，这座桥永远闪烁着中华民族智慧的光芒，永远彰显着中华民族不畏困难、战胜困难的精神。

天生桥架在山峦的石壁上　高祥生工作室摄于 2021 年 2 月

两岸的石壁呈暗红色　高祥生工作室摄于 2021 年 2 月

胭脂河畔的自然景观（一）　高祥生工作室摄于 2021 年 2 月

胭脂河畔的自然景观（二）　高祥生工作室摄于 2021 年 2 月

两岸巨石壁垒，一脉河水缓缓而行　高祥生工作室摄于 2021 年 2 月

高淳老街（一） 高祥生工作室摄于 2021 年 2 月

33. 高淳老街

高淳老街位于南京市高淳区淳溪街道，又称淳溪老街，是高淳的商业、文化、旅游中心。

高淳老街自宋代起建市，至今已有 900 余年。后经明、清两代 500 余年不断建设，形成一条 800 多米长的街道。老街为东西走向，街道宽约 5 米，用胭脂石铺贴。街道两旁大多为两层的砖木建筑，侧墙是粉墙黛瓦，飞檐翘角，点缀着砖石雕刻。老街的店面多为三间，纵深数进，两翼为厢房，自然形成天井、院落，每 5 幢～15 幢房屋间留 2 米左右的纵深通巷。迎面是名家书写雕刻的匾额、楹联。建筑的样式是明清时期的徽派建筑样式与江南民居样式的结合。

老街的店铺底层经商，上层住宿、会客，店铺大都销售当地的土特产和少量的时尚物品。

高淳老街的景观主要有新四军一支队司令部旧址、新四军驻高淳办事处旧址、高淳民宿表演馆、乾隆古井、杨厅等，展示了这里的红色文化和民宿文化。

现在全国许多大城市中号称明清街市的有很多，在那里市井繁华，热闹非凡，明清遗风浓郁，古典遗址甚多，但多数是仿的，是假"古董"，而高淳老街是真的，它是南京唯一按原貌保存的明清一条街。

高淳老街（二） 高祥生工作室摄于 2021 年 2 月

高淳老街（三） 高祥生工作室摄于 2021 年 2 月

高淳老街（四）高祥生工作室摄于 2021 年 2 月

高淳老街（五）高祥生工作室摄于 2021 年 2 月

高淳老街（六） 高祥生工作室摄于 2021 年 2 月

高淳老街（七） 高祥生工作室摄于 2021 年 2 月

高淳老街（八）高祥生工作室摄于 2021 年 2 月

万工池（一）　高祥生工作室摄于 2020 年 3 月

万工池（二）　高祥生工作室摄于 2020 年 3 月

34. 灵谷公园

　　灵谷公园位于南京紫金山南麓、中山陵东部，是南京钟山风景名胜区的重要组成部分，因灵谷寺而得名。公园内有万工池、灵谷寺、灵谷塔、无梁殿、宝公塔、三绝碑、廖仲恺墓、邓演达墓、谭延闿墓、何香凝墓等众多名胜遗迹。

万工池（三） 高祥生工作室摄于 2021 年 11 月

万工池（四） 高祥生工作室摄于 2021 年 11 月

万工池（五）　高祥生工作室摄于 2021 年 11 月

万工池（六）　高祥生工作室摄于 2021 年 11 月

万工池（七）　高祥生工作室摄于 2021 年 11 月

灵谷胜境（一） 高祥生摄于 2022 年 4 月

灵谷胜境（二） 高祥生摄于 2020 年 3 月

灵谷胜境（三） 高祥生摄于 2021 年 11 月

大仁大义牌坊（一） 高祥生摄于 2020 年 3 月

大仁大义牌坊（二） 高祥生摄于 2020 年 3 月

35. 灵谷公园的无梁殿

　　无梁殿位于南京紫金山南麓灵谷公园内，是我国历史最悠久、规模最大的砖砌拱券结构殿宇，建于洪武十四年（1381），因整座建筑采用砖砌拱券结构、不设木梁，故称"无梁殿"。殿坐北朝南，前设月台，东西阔五间，长约53.8米；南北深三间，宽约37.9米；殿顶高22米，为重檐歇山顶，上铺灰色琉璃瓦。无梁殿不用寸钉片木，为国内现存同类建筑中时代最早、规模最大者。

灵谷公园的无梁殿　高祥生摄于 2020 年 3 月

灵谷寺（一） 高祥生摄于 2020 年 3 月

36. 灵谷寺

　　灵谷寺初名开善寺,是南朝梁武帝为纪念著名僧人宝志禅师而兴建的"开善精舍",明朝时朱元璋赐名"灵谷禅寺",并封其为"天下第一禅林"。民国时期在这里建阵亡将士公墓，新增正门、牌坊、松风阁、灵谷塔等，至今保存完好。

　　现公园内的灵谷寺，原为同治六年（1867）建的龙王庙，规模虽小，却藏有玄奘法师顶骨，极为珍贵。

灵谷寺（二） 高祥生摄于 2020 年 10 月

灵谷寺（三） 高祥生摄于 2020 年 10 月

灵谷寺（四） 高祥生摄于 2020 年 3 月

灵谷寺（五） 高祥生摄于 2020 年 10 月

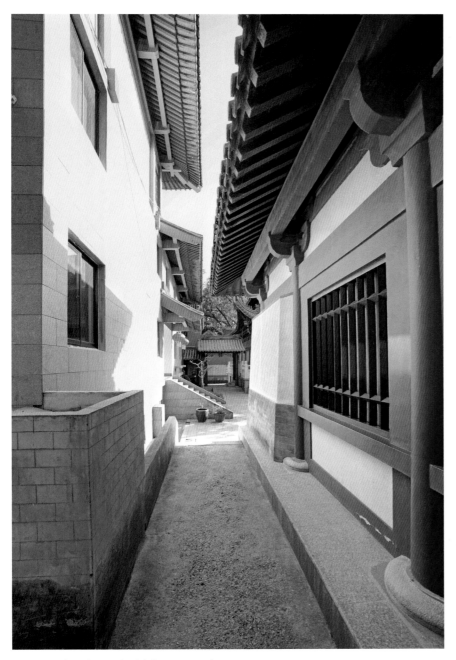

灵谷寺（六） 高祥生摄于 2020 年 10 月

灵谷寺（七） 高祥生摄于 2020 年 10 月

灵谷寺（八） 高祥生摄于 2019 年 10 月

灵谷深松　高祥生摄于 2020 年 3 月

灵谷塔（一） 高祥生摄于 2020 年 3 月

37. 灵谷塔

　　灵谷塔高 66 米，九层八面，底层直径 14 米，顶层直径 9 米，为花岗石和钢筋混凝土混合结构，建于 1931 年至 1933 年，当时称阵亡将士纪念塔，俗称九层塔。塔内有螺旋式台阶绕中心石柱而上，计 252 级，每层均以绿色琉璃瓦披檐，塔外是一圈走廊，廊沿有石栏围护，供游人凭栏远眺。

灵谷塔（二） 高祥生摄于 2022 年 4 月

松风阁（一） 高祥生摄于 2020 年 3 月

松风阁（二） 高祥生摄于 2020 年 3 月

廖仲恺、何香凝之墓（一） 高祥生摄于 2020 年 3 月

廖仲恺、何香凝之墓（二） 高祥生摄于 2020 年 3 月

廖仲恺、何香凝之墓（三） 高祥生摄于 2020 年 3 月

廖仲恺、何香凝之墓（四） 高祥生摄于 2020 年 3 月

38. 廖仲恺、何香凝之墓

　　廖仲恺、何香凝之墓的位置在南京市玄武区紫金山南麓天堡城下、明孝陵以西，面临前湖，环境幽美，建筑雄伟，依山傍水，风景秀丽；陵墓布局对称，气势恢宏，为中山陵著名的附葬墓。

　　廖仲恺、何香凝之墓是由著名建筑师吕彦直设计而成的。廖仲恺之墓原在广州黄花岗，1935 年 6 月迁葬于此。1972 年，廖仲恺夫人何香凝女士在北京逝世后归葬于此。2001 年 7 月，廖仲恺、何香凝之墓被列为全国重点文物保护单位。

　　廖仲恺、何香凝之墓为圆锥形，下部用列柱装饰。墓高 7.5 米，墓基周长 32 米，墓碑通高 8.2 米，宽 2.1 米，厚 0.85 米。

　　原碑文"廖仲恺先生之墓"为时任国民政府主席林森所题，现"廖仲恺、何香凝之墓"为廖承志题写。

谭延闿之墓（一） 高祥生摄于 2020 年 3 月

谭延闿之墓（二） 高祥生摄于 2020 年 3 月

39. 谭延闿之墓

谭延闿之墓位于南京市玄武区中山门外灵谷寺东北侧，紫金山东峰下。墓园由关颂声、朱彬、杨廷宝等人设计，占地 300 余亩，1932 年 12 月建成。其设计一改通常陵墓讲求对称、程式化的布局常规，充分利用泉石著胜、林壑深秀的自然条件，倚山构筑成曲折幽深的墓道，巧妙布置成具有园林风格的墓园，在陵园建筑史上很有特色。

谭延闿之墓共分龙池、广场、祭堂、墓室（宝顶）4 个部分。"灵谷深松"碑前的路南是龙池，约 5 米见方，围以石栏。池壁上镶龙头 2 个，1 个出水，1 个进水。龙池原是历史名泉。据说这泉水有八大功效——一清、二冷、三香、四柔、五甘、六净、七不磕、八蠲疴，故名"八功德水"。

谭延闿纪念馆　高祥生摄于 2020 年 3 月

40. 邓演达之墓

　　邓演达之墓现为全国重点文物保护单位，位置在南京市玄武区中山门外灵谷寺旁。

　　邓演达为著名的国民党左派领袖、中国农工民主党创始人，1931年在南京麒麟门外被秘密杀害，就地草葬。1957年冬中国农工民主党将其尸骨迁葬于此，以原国民革命军阵亡将士第二公墓旧址为墓址。

邓演达雕像　高祥生摄于 2020 年 4 月

邓演达之墓（一）　高祥生摄于 2020 年 4 月

邓演达之墓（二）　高祥生摄于 2020 年 4 月

定林山庄（一）　高祥生工作室摄于 2023 年 2 月

41. 上定林寺

　　因为一部千古传诵的《文心雕龙》曾写于此，因为一颗世尊释迦牟尼尚存于世的佛牙舍利曾藏于此，南京钟山上定林寺的名字天下皆知。也因此，该寺在中国文化史上的地位可谓举足轻重。据《建康志》记载，定林寺有二，分上定林和下定林。上定林寺位于南京紫霞湖与明孝陵之间，下定林寺位于南京方山，为达摩到金陵的落脚点。

　　上定林寺建于元嘉十六年（439）。宋代政治家、文学家王安石曾在此读书，辟书斋名昭文斋，由书法家米芾题写斋名。上定林寺同时也是刘勰写《文心雕龙》的地方。

定林山庄（二）　高祥生工作室摄于 2023 年 2 月

据史书记载，新建成的上定林寺十分壮观，"禅房殿宇，郁尔层构"，"肃然深远"，时人称赞上定林寺就像释迦牟尼在古印度居住的灵鹫山圣地。上定林寺的创建时间虽晚于下定林寺，但在其后的历程中，却能以供奉佛牙舍利、高僧名士辈出、文献藏经宏富而成为江左佛教活动中心。

至南宋时，诗人陆游曾两次慕名游钟山定林庵。孝宗乾道元年（1165），陆游首次游历钟山，在昭文斋壁上题书"乾道乙酉七月四日笠泽陆务观冒大雨独游定林"。5年后陆游重游钟山，定林庵已遭焚毁，原昭文斋壁上的陆游题书因被寺僧摩刻在寺后的崖壁上而保留下来。1975年10月，陆游题书石刻被发现，成为考证上、下定林寺遗址的重要资证。

上定林寺在古代香火较盛，是佛教圣地之一。上定林寺位于一片绿荫之中，近年来才开始整修。这里长亭蜿蜒曲折，凉亭点缀其中。

定林山庄（三）　高祥生工作室摄于 2023 年 2 月

定林山庄（四）　高祥生工作室摄于 2023 年 2 月

定林山庄（五）　高祥生工作室摄于 2023 年 2 月

定林山庄（六）　高祥生工作室摄于 2023 年 2 月

定林山庄（七）　高祥生工作室摄于 2023 年 2 月　　　　　　　　定林山庄（八）　高祥生工作室摄于 2023 年 2 月

定林山庄（九）　高祥生工作室摄于 2023 年 2 月

方山风景区（一）　高祥生摄于 2021 年 2 月

方山风景区（二）　高祥生摄于 2021 年 2 月

下定林寺（一）　高祥生摄于 2021 年 2 月

42. 下定林寺

历史上，南京的定林寺分为"上定林寺""下定林寺"两处，位于方山的定林寺为下定林寺。明朝时期，下定林寺香火很旺，随着庙舍不断增建，其规模越来越宏大。

下定林寺有斜塔（又称方山斜塔），始建于南宋乾道九年（1173），塔高约 14.5 米，为七级八面仿木结构楼阁式砖塔。塔身用砖砌成仿木结构的柱枋、斗拱。因年久失修，腰檐、塔顶及塔刹已毁，塔身向北倾斜，倾斜度超过闻名于世的意大利比萨斜塔。

下定林寺（二）　高祥生摄于 2021 年 2 月

下定林寺（三）　高祥生摄于 2021 年 2 月

下定林寺（四）　高祥生摄于 2021 年 2 月

下定林寺（五）　高祥生摄于 2021 年 2 月

下定林寺（六）　高祥生摄于 2021 年 2 月

下定林寺（七）　高祥生摄于 2021 年 2 月

下定林寺（八） 高祥生摄于 2021 年 2 月

下定林寺（九）　高祥生摄于 2021 年 2 月

下定林寺（十）　高祥生摄于 2021 年 2 月

下定林寺（十一）　高祥生摄于 2021 年 2 月

下定林寺（十二）　高祥生摄于 2021 年 2 月

下定林寺（十三）　高祥生摄于 2021 年 2 月

下定林寺（十四）　高祥生摄于 2021 年 2 月

下定林寺（十五）　高祥生摄于 2021 年 2 月

下定林寺（十六）　高祥生摄于 2021 年 2 月

下定林寺（十七）　高祥生摄于 2021 年 2 月

鼓楼（一） 高祥生摄于 2022 年 10 月

43. 鼓楼

20 世纪八九十年代我曾多次带学生在鼓楼写生作画，故对鼓楼印象深刻，至今记忆犹新。数十年来，鼓楼的建筑虽曾几次出新，但未有大的变化。

南京鼓楼，始建于明洪武十五年（1382），至今已有 600 多年的历史。

鼓楼为二重建筑，上为重檐，四坡砖木结构，下檐滴水直落基座外，四面红墙粉饰，庄重肃穆。下层设 3 个拱门，东西两侧内有 4 个侧室，并有青石台阶 40 级陡峭通向大殿。殿内原有大鼓 2 面、小鼓 24 面和滴漏等，当时作报时及举行迎宾、纳妃、接诏、祭天等重大仪式之用。

鼓楼公园是民国首都保留的公园之一。1957 年 8 月，省人民政府将鼓楼列为江苏省文物保护单位。

鼓楼（二）　高祥生摄于 2019 年 12 月

鼓楼（三）　高祥生摄于 2019 年 12 月

鼓楼（四）　高祥生摄于 2022 年 10 月

44. 大钟亭

我国古代城垣中常配以钟楼建筑，用以报警。南京大钟亭为明代钟楼遗物，原建在金川门内，清康熙年间，原钟楼倒塌坠地，一立一卧，立者于咸丰年间被毁，卧者于光绪十五年（1889）又重新建亭悬挂，遂称"大钟亭"。

钟系紫铜浇铸，高3.56米、口径2.30米，钟的颈部一周铸阳纹莲瓣，提梁上饰以云纹、波浪纹，并刻有"洪武二十一年九月吉日铸"的铭文。

中华人民共和国成立后，江苏省、南京市政府多次拨款整修。1965年江苏省人民委员会公布大钟亭为省级文物保护单位。

（根据大钟亭碑文撰写）

大钟亭（一）　高祥生摄于2022年10月

大钟亭（二）　高祥生摄于 2022 年 10 月

大钟亭（三）　高祥生摄于 2022 年 10 月

大钟亭（四）　高祥生摄于 2022 年 10 月

大钟亭（五）　高祥生摄于 2022 年 10 月

金陵刻经处（一）　高祥生摄于 2020 年 4 月

45. 金陵刻经处

　　现在的金陵刻经处在南京淮海路与延龄巷交界处，始建于同治五年（1866）。

　　金陵刻经处是晚清著名学者杨仁山先生与志同道合的 10 余人募捐集资创办的。草创时期，金陵刻经处初设于北极阁，继迁至杨仁山位于常府街的家中，后又转迁至太平路一带。光绪二十三年（1897），杨仁山又把在延龄巷的住宅 60 多间并宅基地 6 亩多无偿捐给刻经处，作为永久刻印经像、收藏经版、流通佛经的庄严场所。

　　金陵刻经处为弘扬佛法、推动佛教事业的复兴作出了巨大贡献。

金陵刻经处（二）　高祥生摄于 2020 年 4 月

金陵刻经处（三）　高祥生摄于 2020 年 4 月

金陵机器制造局　高祥生工作室摄于 2022 年 4 月

46. 金陵机器制造局

　　金陵机器制造局位于南京市秦淮区中华门外秦淮河南岸，与大报恩寺遗址公园毗邻，为全国重点文物保护单位。金陵机器制造局是中国民族工业先驱、南京第一座机械化工厂，也是当年中国四大兵工厂之一，素有"中国民族军事工业摇篮"之誉，也是中国最大的近代工业建筑群。

　　金陵机器制造局诞生于同治四年（1865）。李鸿章由江苏巡抚升任代理两江总督，在聚宝门（今中华门）外扫帚巷东

首西天寺的废墟上兴建厂房，开办金陵机器制造局。1888 年，金陵机器制造局为中国最先制造出第一门带有车轮移动的架退克鲁森式膛炮，口径 37 毫米，2 磅后装线膛。

　　2017 年 12 月，被列入第二批中国 20 世纪建筑遗产项目名单；2018 年 1 月，被列入中国工业遗产保护名录（第一批）名单；2018 年 11 月，被列入第二批国家工业遗产名单。

中国科学院紫金山天文台（一） 高祥生工作室摄于 2021 年 2 月

中国科学院紫金山天文台（二）　　高祥生工作室摄于 2021 年 2 月

47. 中国科学院紫金山天文台

中国科学院紫金山天文台位于南京市玄武区紫金山上，毗邻钟山风景名胜区，是中国人自己建立的第一个现代天文学研究机构，被誉为"中国现代天文学的摇篮"。其前身是成立于 1928 年 2 月的国立中央研究院天文研究所；1934 年 8 月，紫金山天文台建成；1950 年 5 月，中国科学院紫金山天文台成立。紫金山天文台的建成标志着中国现代天文学研究的开始。中国现代天文学的许多分支学科和天文台站大多从这里诞生、组建和拓展。

中国科学院紫金山天文台（三）　　高祥生工作室摄于 2021 年 2 月

中国科学院紫金山天文台（四）　　高祥生工作室摄于 2021 年 2 月

中国科学院紫金山天文台（五）　　高祥生工作室摄于 2021 年 2 月

中国科学院紫金山天文台（六）　　高祥生工作室摄于 2021 年 2 月

江南水师学堂遗迹　高祥生工作室摄于 2022 年 4 月

48. 江南水师学堂遗迹

　　南京的江南水师学堂位于中山北路 346 号。水师学堂成立于清光绪十六年（1890）。作为培养科技人才的基地，它是中国海军人才的摇篮。中华民国成立后，这里改名为海军军官学校。中华人民共和国成立后，更名为中国人民解放军华东区海军学校。自 1970 年起至今，又成为中国船舶重工集团第七二四研究所所在。

49. 清凉山李剑晨艺术馆

清凉山李剑晨艺术馆（一）　高祥生摄于 2020 年 11 月

清凉山李剑晨艺术馆（二）　高祥生摄于 2020 年 11 月

清凉山李剑晨艺术馆（三）　高祥生摄于 2020 年 11 月

清凉山李剑晨艺术馆（四）　高祥生摄于 2020 年 11 月

三、现代建筑

1. 鼓楼广场

鼓楼广场位于南京市鼓楼区与玄武区的交会区域，是南京市的交通广场。鼓楼广场有五道干线，它们东连北京东路，西接北京西路，南往新街口，北至中山码头、中央门车站。

南京人和了解南京城市历史的人都知道鼓楼广场一直是南京重要的城市节点。鼓楼广场与南京的新街口广场、山西路广场一样都是重要的商业中心，数十年来这些广场发生了日新月异的变化。虽然鼓楼广场总体形态、道路系统都没有大的变化，但建筑的形态、体量、功能都有了巨大的变化。这里新增了紫峰大厦、鼓楼邮政大厦、江苏省广播电视总台等南京的标志性建筑；特别是鼓楼广场，其原来的主要功能是城市集会，现在完全是城市的景观节点、交通枢纽，年年变化，年年都有新创意的靓丽景观。

鼓楼广场因鼓楼而得名，总面积为 38 733 平方米，是中心景观类环岛型交通广场，于 1939 年开工建设，2016 年 10 月完成中心绿岛出新改造工程。

鼓楼广场全景　　高祥生工作室摄于 2022 年 10 月

鼓楼广场（一） 高祥生摄于 2022 年 10 月

鼓楼广场上的鼓楼邮政大厦　高祥生摄于 2022 年 3 月

鼓楼广场以孔雀为主题的"欢乐祥和"大型绿雕方案，装设于中央环岛。"欢乐祥和"绿雕造型高达 8 米，长约 70 米；广场中心两只"孔雀"姿态优美，引颈顾盼，以红色、绿色的五色草配置栩栩如生的羽毛，同时利用白草、黑草、黄草表现了"孔雀"生动的眼神；身体羽毛层次分明，采用龙柏、银姬小蜡、金边卵叶女贞三层绿植，羽毛鳞片选用当季时令花卉；结合绿雕设计混色花境，营造出"孔雀"原生态栖息地的氛围。

鼓楼广场上的江苏省广播电视总台　高祥生摄于 2022 年 3 月

鼓楼广场（二） 高祥生摄于 2022 年 10 月

鼓楼广场（三） 高祥生摄于 2022 年 10 月

江宁织造博物馆（一） 高祥生摄于 2019 年 10 月

2. 江宁织造博物馆

　　江宁织造博物馆位于南京市玄武区大行宫地区，是在江宁织造府旧址上建造的一座现代博物馆，由著名建筑学家、两院院士吴良镛先生主持设计。

　　建筑外立面的形态具有后现代风格的特征，现代建筑的屋顶上设有中式的凉亭，建筑的内部有水池、假山、庭院、卵石小径、石桥、粉墙黛瓦、飞檐漏窗……有四季常绿的灌木和盛开的花卉。博物馆室内的墙面、壁板都饰有中式的纹样、图案……这里的环境具有浓郁的中国田园气息。

　　江宁织造博物馆的设计形态涉及江宁织造府本身的历史，织造府所辖之织造局的云锦生产历史，以及与织造府有密切关联的历史巨著《红楼梦》及其作者曹雪芹及曹氏家族的兴衰史。博物馆集中展示了一府（织造）、一馆（云锦）、一楼（红楼梦）、一园（园林）。

江宁织造博物馆（二） 高祥生摄于 2019 年 10 月

江宁织造博物馆（三）　高祥生摄于 2019 年 10 月

江宁织造博物馆（四）　高祥生摄于 2019 年 10 月

江宁织造博物馆（五）　高祥生摄于 2019 年 10 月

江宁织造博物馆（六）　高祥生摄于 2020 年 9 月

江宁织造博物馆（七）　高祥生摄于 2019 年 9 月

江宁织造博物馆（八）　高祥生摄于 2019 年 9 月

江宁织造博物馆（九）　高祥生摄于 2020 年 9 月

江宁织造博物馆（十）　高祥生摄于 2019 年 9 月

江宁织造博物馆（十一）　高祥生摄于 2019 年 9 月

江宁织造博物馆（十二）　高祥生摄于 2019 年 9 月

江宁织造博物馆（十三）　高祥生摄于 2020 年 9 月

江宁织造博物馆（十四） 高祥生摄于 2019 年 9 月

江宁织造博物馆（十五） 高祥生摄于 2019 年 9 月

江宁织造博物馆（十六） 高祥生摄于 2019 年 9 月

六朝博物馆（一）　高祥生摄于 2020 年 3 月

3. 六朝博物馆

    2008 年，六朝博物馆在六朝建康宫城的建筑遗址上建设，位于江苏省南京市玄武区长江路 302 号。六朝博物馆邻近梅园新村和总统府，由著名华裔建筑设计大师贝聿铭之子贝建中主持设计。

六朝博物馆（二）　高祥生摄于 2020 年 3 月

六朝博物馆（三） 高祥生摄于 2020 年 3 月

六朝博物馆（四） 高祥生摄于 2020 年 3 月

六朝博物馆（五）　高祥生摄于 2020 年 3 月

六朝博物馆（六）　高祥生摄于 2020 年 3 月

六朝博物馆（七）　高祥生摄于 2020 年 3 月

六朝博物馆（八）　高祥生摄于 2020 年 3 月

六朝博物馆（九）　高祥生摄于 2020 年 3 月

六朝博物馆（十）　高祥生摄于 2020 年 3 月

六朝博物馆（十一）　高祥生摄于 2020 年 3 月

六朝博物馆（十二）　　高祥生摄于 2020 年 3 月

六朝博物馆（十三）　　高祥生摄于 2020 年 3 月

六朝博物馆（十四）　　高祥生摄于 2020 年 3 月

六朝博物馆（十五） 高祥生摄于 2020 年 3 月

六朝博物馆（十六） 高祥生摄于 2020 年 3 月

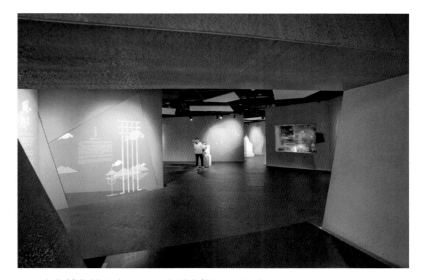

六朝博物馆（十七）　高祥生摄于 2020 年 3 月

六朝博物馆（十八）　高祥生摄于 2020 年 3 月

六朝博物馆（十九）　高祥生摄于 2020 年 3 月

六朝博物馆（二十） 高祥生摄于 2020 年 3 月

六朝博物馆（二十一） 高祥生摄于 2020 年 3 月

六朝博物馆（二十二）　高祥生摄于 2020 年 3 月

六朝博物馆（二十三）　高祥生摄于 2020 年 3 月

六朝博物馆（二十四）　高祥生摄于 2020 年 3 月

六朝博物馆（二十五）　高祥生摄于 2020 年 3 月

南京博物院（一） 高祥生摄于 2020 年 12 月

4. 南京博物院

南京博物院位于江苏省南京市玄武区中山东路 321 号，是中国三大博物院之一，其建筑设计思想是力图体现中国早期建筑的风格。

南京博物院（二） 高祥生摄于 2020 年 12 月

南京博物院（三） 高祥生摄于 2020 年 12 月

南京博物院（四）　高祥生摄于 2020 年 12 月

南京博物院（五）　高祥生摄于 2020 年 12 月

南京博物院（六）　高祥生摄于 2020 年 12 月

南京博物院（七）　高祥生摄于 2020 年 12 月

南京博物院（八） 高祥生摄于 2020 年 12 月

南京博物院（九）　　高祥生摄于 2020 年 12 月

南京博物院（十）　　高祥生摄于 2020 年 12 月

南京博物院（十一）　　高祥生摄于 2020 年 12 月

南京博物院（十二）　　高祥生摄于 2020 年 12 月

南京博物院（十三）　　高祥生摄于 2020 年 12 月

南京博物院（十四）　　高祥生摄于 2020 年 12 月

南京博物院（十五）　　高祥生摄于 2020 年 12 月

南京博物院（十六）　　高祥生摄于 2020 年 12 月

南京古生物博物馆（一）　高祥生工作室摄于 2022 年 4 月　　　　　　　　　　　南京古生物博物馆（二）　高祥生工作室摄于 2022 年 4 月

5. 南京古生物博物馆

　　南京古生物博物馆位于南京市玄武区鸡鸣寺景区，以古生物化石为本，以古无脊椎动物、古植物和微体古生物为主，藏品丰富，展品精美。南京古生物博物馆现有新馆和老馆，新馆由东南大学齐康院士团队设计。

南京古生物博物馆（三）　　高祥生工作室摄于 2022 年 4 月

南京古生物博物馆（四）　　高祥生工作室摄于 2022 年 4 月

南京古生物博物馆（五）　　高祥生工作室摄于 2022 年 4 月

南京古生物博物馆（六）　　高祥生工作室摄于 2022 年 4 月

南京古生物博物馆（七） 高祥生工作室摄于 2022 年 4 月

南京古生物博物馆（八） 高祥生工作室摄于 2022 年 4 月

南京图书馆　　高祥生工作室摄于 2020 年 9 月

6. 南京图书馆

　　南京图书馆可上溯到清末的惜阴书院，又叫江南图书馆，后来成为中国第一所国立公共图书馆，1927 年更改为国立中央大学国学图书馆。1933 年创建国立中央图书馆。中华人民共和国成立后，原国学图书馆与原中央图书馆合并为南京图书馆。2002 年兴建新南京图书馆，2006 年底新建的南京图书馆建成并开馆。

　　原江南图书馆（惜阴书院）位于南京龙蟠路 9 号，面朝乌龙潭公园。南京老图书馆位于成贤街 66 号，毗邻东南大学四牌楼校区。我读大学时和大学毕业后很长一段时间借书阅览都会去成贤街的南京图书馆。

　　新建的南京图书馆的位置在大行宫，于 2002 年破土动工，2006 年底竣工开馆。

　　南京图书馆建筑形式新颖，规模宏大，入口处设椭圆形大型天窗，大厅通透敞亮。

南京龙蟠路惜阴书院　　高祥生工作室摄于 2021 年 2 月

南京成贤街图书馆　　高祥生工作室摄于 2022 年 7 月

南京图书馆北侧的总统府　　高祥生摄于 2020 年 3 月

南京图书馆东侧的中央饭店　　高祥生摄于 2020 年 3 月

　　南京图书馆东侧入口有开阔的市民休闲广场，广场东临中央饭店和江苏省美术馆，北向总统府和六朝博物馆，南接长江路，西临江宁织造博物馆。显然，现在的南京图书馆处于一个交通集散地和历史文化建筑的荟萃中心。

南京图书馆西侧的江宁织造博物馆　高祥生摄于 2019 年 10 月

南京图书馆东侧的江苏省美术馆　高祥生摄于 2020 年 3 月

南京图书馆北侧的六朝博物馆　高祥生摄于 2020 年 3 月

南京图书馆中庭（一）　高祥生工作室摄于 2020 年 12 月

南京图书馆中庭（二）　高祥生工作室摄于 2020 年 12 月

据主持南京图书馆装饰装修设计的南京艺术学院的徐敏教授介绍，由于工程开始后发现大行宫段地下有诸多文物，经讨论后采纳东南大学建筑学院潘谷西教授的意见，采用在有文物地段加盖玻璃的措施，一则可保护，二则也方便人们参观学习。

南京图书馆馆内开架阅览室（一）　高祥生工作室摄于 2020 年 12 月

南京图书馆开架室　高祥生工作室摄于 2020 年 12 月

南京图书馆馆内开架阅览室（二）　高祥生工作室摄于 2020 年 12 月

南京图书馆展室　　高祥生工作室摄于 2020 年 12 月

南京图书馆展厅　　高祥生工作室摄于 2020 年 12 月

南京图书馆阅览大厅　　高祥生工作室摄于 2020 年 12 月

　　南京图书馆是中国第三大、亚洲第四大的图书馆，建筑面积为 7.8 万平方米，藏书 1200 万余册，其中古籍图书 160 万册，包括唐代写本，辽代写经，宋、元、明、清历代写印珍本等。

　　南京图书馆是国家一级图书馆，馆内有 200 个阅览室，4000 个阅览位，有数十个文化展厅，是人们学习阅览的好去处。我和我助手曾多次去馆内学习、阅览，并拍摄图片。

南京图书馆小会议厅（一）　高祥生工作室摄于 2015 年 2 月　　　　　　　南京图书馆小会议厅（二）　高祥生工作室摄于 2015 年 2 月

南京图书馆小会议厅（三）　高祥生工作室摄于 2015 年 2 月

　　给我印象最深的是 2010 年我在图书馆小会议厅，为南京图书馆的"市民讲坛"做的一场讲座。报告厅不大，可容纳二三百人。我讲座的内容是室内空间中的陈设设计。听的人不算很多，也不算太少，报告厅中的座位大多坐满了。演讲结束后还有几十位听众围着我问这问那。讲了一个下午我有些累，但心情很好，因为在这里为南京的市民做了件好事。

　　现在的南京图书馆已成为南京市文化建设的重要基地，发挥着越来越大的作用。

金陵图书馆（一） 高祥生工作室摄于 2020 年 4 月

7. 金陵图书馆

　　金陵图书馆位于江苏省南京市建邺区河西新城乐山路 158 号滨江公园内，始建
于民国十六年（1927），2005 年重建。

金陵图书馆（二） 高祥生工作室摄于 2020 年 4 月

金陵图书馆（三） 高祥生工作室摄于 2020 年 4 月

金陵图书馆（四）　高祥生工作室摄于 2020 年 4 月

南京眼（一）　高祥生摄于 2020 年 4 月

8. 南京眼

　　我欣赏过邻近湖边、海边的一些"眼"。"眼"的构筑物都很有特色：英国的"伦敦眼"说是世界上首创的具有标志性观赏的"眼"；美国芝加哥密歇根湖畔的"眼"说是世界上最大的观赏性的"眼"，威风凛凛的，与海军码头一起成为游客的好去处；澳大利亚多个城市的"眼"也很亮丽，与城市建筑的尺度相宜，人们也喜欢在这里拍照留影。

　　中国南京的"眼"很有创意，原先它是著名的设计师扎哈•哈迪德的方案，后来因造价有限，减少了部分内容。即便如此，南京眼在我所见的各种"眼"中也是别具风采的。

　　南京眼是跨越两岸大江的步行桥头的两座竖向椭圆的拱圈。拱圈很高，数十条钢索固定了"圈"的位置，也就是"眼"的位置，很现代、很恢宏。

　　我去过南京眼，它已经成为南京的地标式装置，成了南京人炫耀的地方。于是我想无论是英国的伦敦眼、澳大利亚的"眼"，还是美国密歇根湖畔的"眼"都是圆形的，南京眼却是椭圆的，椭圆是圆形的延展，延展就是发展，因此我就认为南京眼是南京发展好的标志。

南京眼（二）　高祥生摄于 2020 年 4 月

南京眼（三）　高祥生摄于 2019 年 9 月

中国电子熊猫集团　高祥生工作室摄于 2022 年 3 月

9. 熊猫电子集团有限公司

南京熊猫电子集团有限公司始建于 1936 年，位于南京市玄武区中山东路 301 号，是中国电子工业的摇篮。以熊猫电子集团有限公司为核心的熊猫集团，是一个投资主体多元化的综合性大型企业集团。

南京喜马拉雅中心商业综合体（一）　高祥生摄于 2020 年 11 月

10. 南京喜马拉雅中心商业综合体

　　南京喜马拉雅中心商业综合体由世界著名地标建筑设计师——马岩松主持设计。项目中的两个街区被一座立体城市广场连接，不同尺度的连廊、走道穿插在几个连绵起伏的商业综合体中，引领人们从繁忙的地面街道漫步到立体公园，游走于建筑与景观之间。

　　整个商业综合体的中心区域由一些散落在绿毯上的坡顶小屋构成，呈现出小村落式的环境，为大尺度的城市项目提供了宜人的城市空间。小桥连接着村落，从一个街区到另一个街区，串联了假山、流水，构成了一幅充满诗意的画作。

　　位于外侧的塔楼宛如高山，竖条的遮阳玻璃百叶，遮阳又透光，为商业综合体的室内空间提供了怡人的光线和风，如瀑布般流动于山体上，让整座建筑充满了意境。

　　室内办公空间设计部分，沿用了原建筑"山水城市"的概念，配合技术创新与改造，构筑了一个都市中的逆世界，天花顶部似水，墙面线型为山，地面像漂浮着的云朵，各种元素都融入生态、生命力与情感，打破了原有室内空间形态，打造了逆空间的视觉效果。

　　利用玻璃不受光的特性做表面雕刻磨砂处理，配以灯光呈现奇幻效果，随着"山""水""云"共同涌动，营造了流动变幻的异象空间。入口处设置企业文化展示区，让空间更有层次感。

南京喜马拉雅中心商业综合体（二） 高祥生摄于 2020 年 11 月

南京喜马拉雅中心商业综合体（三） 高祥生摄于 2020 年 11 月

南京喜马拉雅中心商业综合体（四） 高祥生摄于 2020 年 11 月

南京喜马拉雅中心商业综合体（五） 高祥生摄于 2020 年 11 月

南京喜马拉雅中心商业综合体（六） 高祥生摄于 2020 年 11 月

南京奥林匹克体育中心（一） 高祥生摄于 2020 年 4 月

11. 南京奥林匹克体育中心

　　南京奥林匹克体育中心简称南京奥体中心，位于南京市建邺区河西新城。南京奥体中心于 2002 年 8 月 18 日正式开工，2004 年底建成，2005 年 5 月 1 日交付运行。2007 年南京奥体中心荣获第 11 届国际优秀体育建筑和运动设施金奖，是中国第一个获此殊荣的体育建筑。

南京奥林匹克体育中心（二）　高祥生摄于 2020 年 4 月

南京奥林匹克体育中心（三）　高祥生摄于 2020 年 4 月

南京奥林匹克体育中心（四）　高祥生摄于 2020 年 4 月

南京奥林匹克体育中心（五）　高祥生摄于 2020 年 4 月

南京奥林匹克体育中心（六）　高祥生摄于 2020 年 4 月

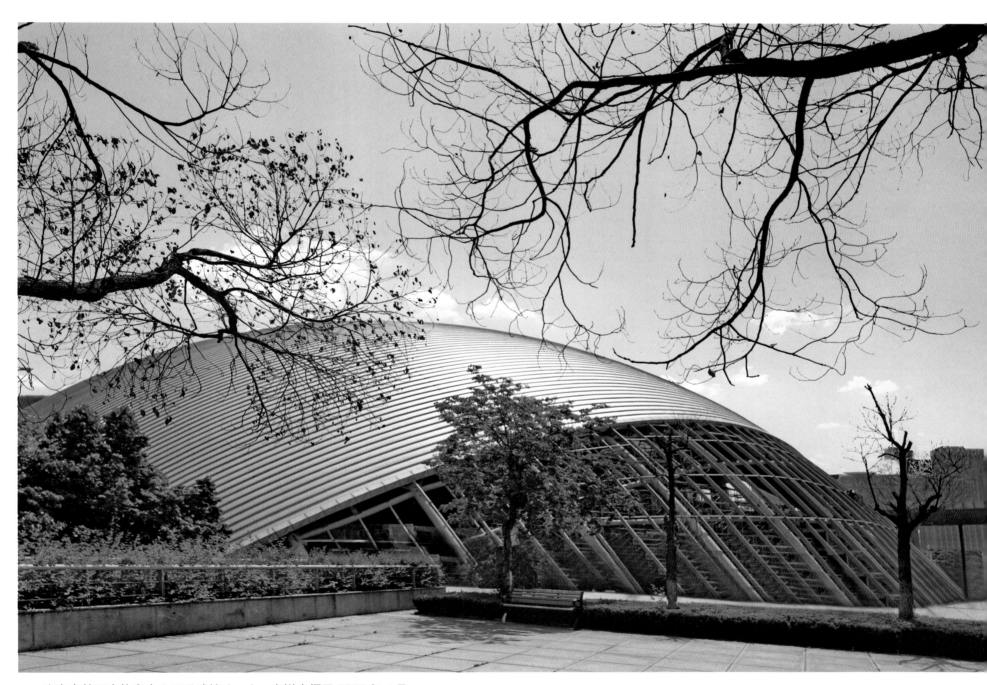

南京奥林匹克体育中心羽毛球馆（一）　高祥生摄于 2020 年 4 月

南京奥林匹克体育中心羽毛球馆（二） 高祥生摄于 2020 年 4 月

南京奥林匹克体育中心羽毛球馆（三）　高祥生摄于 2020 年 4 月

南京奥林匹克体育中心羽毛球馆（四）　高祥生摄于 2020 年 4 月

12. 南京四方当代美术馆

南京四方当代美术馆位于南京市浦口区佛手湖畔，由美国著名建筑大师斯蒂文·霍尔设计，比邻矶崎新、妹岛和世、戴维·艾德加耶、张永和、王澍等中外建筑师的 24 座作品，为公众呈现了靓丽的艺术人文景观。

南京四方当代美术馆（一）　高祥生摄于 2021 年 3 月

南京四方当代美术馆（二）　高祥生摄于 2021 年 3 月

南京四方当代美术馆（三） 高祥生摄于 2021 年 3 月

南京四方当代美术馆（四） 高祥生摄于 2021 年 3 月

南京四方当代美术馆（五）　高祥生摄于 2021 年 3 月

南京四方当代美术馆（六）　高祥生摄于 2021 年 3 月

南京四方当代美术馆（七）　高祥生摄于 2021 年 3　月

南京四方当代美术馆（八） 高祥生摄于 2021 年 3 月

南京四方当代美术馆（九）高祥生摄于 2021 年 3 月

南京四方当代美术馆（十）高祥生摄于 2021 年 3 月

南京四方当代美术馆（十一）高祥生摄于 2021 年 3 月

南京四方当代美术馆（十二） 高祥生摄于 2021 年 3 月

南京四方当代美术馆（十三） 高祥生摄于 2021 年 3 月

南京四方当代美术馆（十四） 高祥生摄于 2021 年 3 月

南京四方当代美术馆（十五） 高祥生摄于 2021 年 3 月

涵碧楼金融中心（一） 高祥生摄于 2020 年 12 月

13. 涵碧楼金融中心

　　位于中国江苏省南京市建邺区扬子江大道 208 号，建筑平面采用"中国合院式"布局，并用传统元素点缀。

涵碧楼金融中心（二） 高祥生摄于 2020 年 12 月

涵碧楼金融中心（三） 高祥生摄于 2020 年 12 月

涵碧楼金融中心（四） 高祥生摄于 2020 年 12 月

涵碧楼金融中心（五） 高祥生摄于 2020 年 12 月

涵碧楼金融中心（六） 高祥生摄于 2020 年 12 月

涵碧楼金融中心（七） 高祥生摄于 2020 年 12 月

涵碧楼金融中心（八） 高祥生摄于 2020 年 12 月

涵碧楼金融中心（九）　高祥生摄于 2020 年 12 月

涵碧楼金融中心（十）　高祥生摄于 2020 年 12 月

涵碧楼金融中心（十一）　高祥生摄于 2020 年 12 月

涵碧楼金融中心（十二）　高祥生摄于 2020 年 12 月

14. 永隆·圣马可国际家居广场

南京永隆家居由永隆（香港）国际集团于 2000 年全额投资成立，旗下拥有河西 CBD 奥体旗舰店和卡子门店，总经营面积超过 5 万平方米。永隆家居拥有包括欧式、美式、中式、现代、田园乡村等 30 多个不同风格的国内外精品家居品牌。河西 CBD 奥体旗舰店永隆·圣马可国际家居广场是集商品展示、家居文化艺术交流、家居配饰设计、购物休闲于一体的家居商场，位于建邺区江东中路 168 号。

永隆·圣马可国际家居广场（一） 高祥生工作室摄于 2020 年 11 月

锦上雅集（二） 高祥生摄于 2020 年 12 月

锦上雅集（三） 高祥生摄于 2020 年 12 月

锦上雅集（四） 高祥生摄于 2020 年 12 月

锦上雅集（五） 高祥生摄于 2020 年 12 月

锦上雅集（六） 高祥生摄于 2020 年 12 月

锦上雅集（八） 高祥生摄于 2020 年 12 月

锦上雅集（八） 高祥生摄于 2020 年 12 月

锦上雅集（八） 高祥生摄于 2020 年 12 月

锦上雅集（十）　高祥生摄于 2020 年 12 月

锦上雅集（十一）　高祥生摄于 2020 年 12 月

锦上雅集（十二）　高祥生摄于 2020 年 12 月

17. 江岛新天地

江岛新天地（一） 高祥生工作室摄于 2023 年 2 月

　　江岛新天地是南京首个滨江休闲商业空间，以其鲜明的"江畔、自然、艺术、生活"特色，立志打造辐射全南京市民的第三生活空间。

　　江岛新天地总建筑面积 6.6 万平方米，依托河西新城，衔接江北新区，拥有天然区位优势；紧邻新纬壹智立方、仁恒国际广场、江岛科创中心等高端产业载体，商业氛围浓厚。整个项目由日本顶级设计团队 PINHOLE 量身定制。从远处俯瞰，江岛新天地像是一座游轮，极具动感，与江景交相辉映。此外，整个建筑规划从商业空间主题概念策划到主题娱乐设计等都经过精心准备，真正让每一位来江岛新天地的顾客产生新体验，享受慢生活。

江岛新天地（二） 高祥生工作室摄于 2023 年 3 月

江岛新天地（三）　高祥生工作室摄于 2023 年 3 月

江岛新天地（四）　高祥生工作室摄于 2023 年 3 月

江岛新天地（五） 高祥生工作室摄于 2023 年 3 月

江岛新天地（六） 高祥生工作室摄于 2023 年 3 月

江岛新天地（七） 高祥生工作室摄于 2023 年 3 月

江岛新天地（八） 高祥生工作室摄于 2023 年 3 月

新加坡·南京生态科技岛科创中心（一） 高祥生工作室摄于 2023 年 2 月

18. 新加坡·南京生态科技岛科创中心

新加坡·南京生态科技岛科创中心是中新合资平台，专门帮助科技企业落地南京。

新加坡·南京生态科技岛科创中心（二）　高祥生工作室摄于 2023 年 2 月

19. 蜂巢酒店

蜂巢酒店（一） 高祥生工作室摄于 2021 年 6 月

蜂巢酒店位于南京市江北新区，是利用原三河采石场宕口废弃土地，以"蜂巢"为主题进行设计，采取在悬崖上施工的超五星级酒店。酒店中有富丽堂皇的各种酒店空间和特征奇异的装饰。酒店中的功能齐全，为游客提供美景温泉。

蜂巢酒店（二）　高祥生工作室摄于 2021 年 6 月

蜂巢酒店（三）　高祥生工作室摄于 2021 年 6 月

蜂巢酒店（四） 高祥生工作室摄于 2021 年 6 月

蜂巢酒店（五） 高祥生工作室摄于 2021 年 6 月

蜂巢酒店（六） 高祥生工作室摄于 2021 年 6 月

蜂巢酒店（七） 高祥生工作室摄于 2021 年 6 月

蜂巢酒店（八）　高祥生工作室摄于 2021 年 6 月

蜂巢酒店（九）　高祥生工作室摄于 2021 年 6 月

蜂巢酒店（十）　高祥生工作室摄于 2021 年 6 月

蜂巢酒店（十一） 高祥生工作室摄于 2021 年 6 月

蜂巢酒店（十二） 高祥生工作室摄于 2021 年 6 月

蜂巢酒店（十三） 高祥生工作室摄于 2021 年 6 月

20. 园博园中的先锋书店

园博园中的先锋书店（一） 高祥生工作室摄于 2021 年 6 月

园博园中的先锋书店（二） 高祥生工作室摄于 2021 年 6 月

21. 园博园中的其他建筑

园博园中的其他建筑（一） 高祥生工作室摄于 2021 年 6 月

园博园中的其他建筑（二） 高祥生工作室摄于 2021 年 6 月

园博园厂房改造（一）　高祥生工作室摄于 2021 年 6 月

园博园厂房改造（二）　高祥生工作室摄于 2021 年 6 月

园博园厂房改造（三）　高祥生工作室摄于 2021 年 6 月

园博园厂房改造（四）　高祥生工作室摄于 2021 年 6 月

园博园厂房改造（五）　高祥生工作室摄于 2021 年 6 月

园博园厂房改造（六）　高祥生工作室摄于 2021 年 6 月

园博园厂房改造（七） 高祥生工作室摄于 2021 年 6 月

园博园厂房改造（八） 高祥生工作室摄于 2021 年 6 月

园博园厂房改造（九） 高祥生工作室摄于 2021 年 6 月

园博园厂房改造（十） 高祥生工作室摄于 2021 年 6 月

22. 园博园中的酒店

园博园中的酒店（一）　高祥生摄于 2022 年 10 月

园博园中的酒店（二） 高祥生摄于 2022 年 10 月

园博园中的酒店（三） 高祥生摄于 2022 年 10 月

园博园中的酒店（四） 高祥生摄于 2022 年 10 月

园博园中的酒店（五） 高祥生摄于 2022 年 10 月

园博园中的酒店（六） 高祥生摄于 2022 年 10 月

园博园中的酒店（七） 高祥生摄于 2022 年 10 月

园博园中的酒店（八） 高祥生摄于 2022 年 10 月

园博园中的酒店（九） 高祥生摄于 2022 年 10 月

南京金陵饭店 高祥生工作室摄于 2020 年 3 月

23. 南京金陵饭店

金陵饭店位于江苏省南京市鼓楼区新街口西北区。金陵饭店是中国第一家由中国人自己管理的大型现代化酒店，有中国第一个高层旋转餐厅、中国第一部高速电梯、中国第一个高楼直升机停机坪，是中国首批 6 家大型旅游涉外饭店之一。其主楼曾经是中国第一高楼。璇宫位于饭店 36 层，是中国第一个高层旋转餐厅，配备国内第一部高速电梯，从底部直达 36 层只需 29 秒。整个璇宫以 1 小时转 1 圈的速度缓慢旋转，坐在餐厅里可以俯瞰南京城全貌。

1983 年开业后，金陵饭店多次成功接待世界多国政要及名流巨商。"金陵"连锁经营着 118 家高星级酒店和 12 家金一村连锁旅店，遍及全国多个城市与地区。

金陵饭店是南京的标志性建筑，为江苏省第一家豪华五星级酒店、"中国旅游业标志性饭店之一"，先后荣获"全国最佳五星级饭店""全球酒店集团五十强""中国旅游集团十强""中国本土酒店集团前三强企业""全国质量管理先进企业""中国饭店业民族品牌先锋""中国最佳商务酒店""中国十大最受欢迎酒店"等称号。

保利大剧院（一） 高祥生摄于 2020 年 4 月

24. 保利大剧院

保利大剧院位于南京市建邺区邺城路 6 号，是南京国际青年文化中心（南京青奥中心）的核心组成部分。它的南侧是江山大街，北临乐山路和金沙江路，西侧是扬子江大道。它由著名解构主义设计大师扎哈·哈迪德设计。

保利大剧院（二） 高祥生摄于 2020 年 4 月

保利大剧院（三） 高祥生摄于 2020 年 4 月

保利大剧院（四） 高祥生摄于 2020 年 4 月

保利大剧院（五） 高祥生摄于 2020 年 4 月

保利大剧院（六） 高祥生摄于 2020 年 4 月

保利大剧院（七） 高祥生摄于 2020 年 4 月

保利大剧院（八） 高祥生摄于 2020 年 4 月

25. 江苏大剧院

江苏大剧院（一） 高祥生摄于 2017 年 10 月

江苏大剧院（二）　高祥生摄于 2017 年 10 月

　　江苏大剧院位于南京市建邺区河西新城文体轴线西段，建成时为仅次于北京国家大剧院的中国第二大现代化大剧院。

　　江苏大剧院占地面积约 20 万平方米，建筑总面积约 27 万平方米，是江苏省境内最大的文化工程，被认为是"世界级艺术作品的展示平台、国际性艺术活动的交流平台、公益性艺术教育的推广平台"。

　　俯视江苏大剧院，其形态犹如四粒水滴，形态优雅、柔和，与江苏水乡的文化形态吻合。

江苏大剧院（三）　高祥生摄于 2017 年 10 月

　　江苏大剧院的外部广场上设有宽大的水池和富有动势、充满力感、气势磅礴的群众歌舞的壁雕群，给大剧院增添了文化气氛。

　　我在江苏大剧院的歌剧厅观看过歌舞表演，我的认识是江苏大剧院歌剧厅的音质一点不亚于外国一流的歌剧厅。

江苏大剧院（四） 高祥生摄于 2017 年 10 月

江苏大剧院（五） 高祥生摄于 2017 年 10 月

江苏大剧院（六） 高祥生摄于 2017 年 10 月

江苏大剧院（七） 高祥生摄于 2017 年 10 月

江苏大剧院（八） 高祥生摄于 2017 年 10 月

江苏大剧院（九） 高祥生摄于 2017 年 10 月

江苏大剧院（十） 高祥生摄于 2017 年 10 月

江苏大剧院（十一） 高祥生摄于 2017 年 10 月

江苏大剧院（十二） 高祥生摄于 2017 年 10 月

江苏大剧院（十三） 高祥生摄于 2017 年 10 月

26. 云夕博物纪温泉酒店

云夕博物纪温泉酒店室外　高祥生摄于 2020 年 11 月

汤山云夕博物纪温泉酒店位于南京东郊紫金山东麓的山谷之中的一处废弃的采石宕口之中，宕口四周裸露有嶙峋的崖壁，成为酒店四周的屏障和背景。

温泉酒店通过三条轴线组织建筑形体和流线，并通过在轴线转折处设置节点，营造充满视觉冲击力、趣味性的节点和景观。

流线从东西向主入口轴线一端的前广场开始，穿越两侧跌水，下坡进入洞穴般的圆形前厅，使人仿佛穿越回到汤山猿人神秘的创世纪。从前厅沿光线的指引拾级而上，大堂空间豁然开朗，视线折回向东望，一片水洼。

东西向主入口轴线和南北轴线在圆厅十字交会，圆厅位于整体建筑空间的核心位置。

东西主动线是垂直、立体、局部隐匿的空间控制轴线，从圆厅图书馆开始的南北轴线则形成了建筑连接自然的核心。对于度假酒店而言，这一空间小道是具有归宿感和仪式感的。

南北轴线也是公区连通客房区的动线。黑色景观浅水池衬托白水泥地面向南延伸，连接 20 栋宕口石块砌筑的石头房。石头房沿中轴线一侧是白色混凝土圆厅门廊，外侧的水景庭院面对东西两侧山谷崖壁，强化了酒店的地域特征。

温泉酒店的第三条轴线在联排石头房和度假客房之间转折向西，视线自然延伸至山景别墅客房和 VIP 定制别墅客房区域。在这里可以向西眺望远山和落日，实体空间的边界终止在悬挑的观景平台。

汤山云夕博物纪温泉酒店在空间轴线上采用对称分布的阵列式体量、水景。尽端的标志物在轴线交会的节点处，运用圆厅完成了轴线转换。其入口、圆厅、大堂、客房区等各场景是设计中的亮点。

云夕博物纪温泉酒店的入口楼梯　高祥生摄于 2020 年 11 月

云夕博物纪温泉酒店的餐饮空间　高祥生摄于 2020 年 11 月

云夕博物纪温泉酒店的阅读空间　高祥生摄于 2020 年 11 月

云夕博物纪温泉酒店南北轴线上的石头房　高祥生摄于 2020 年 11 月

云夕博物纪温泉酒店南北轴线上的客房（一）　高祥生摄于 2020 年 11 月

云夕博物纪温泉酒店南北轴线上的客房（二）　高祥生摄于 2020 年 11 月

27. 南京先锋书店五台山总店

南京先锋书店五台山总店（一） 高祥生工作室摄于 2020 年 1 月

　　南京先锋书店于 1996 年在南京创立，是国内知名的民营学术书店，是南京的著名书店。

　　以地下车库改造而成的五台山总店风景独特，其内独辟二手书店区、创意产品展售馆、先锋艺术咖啡馆、沙龙活动专区，截至 2017 年 5 月，另有 12 家分店遍布苏浙皖三省。

南京先锋书店五台山总店（二） 高祥生工作室摄于 2020 年 1 月

南京先锋书店五台山总店（三） 高祥生工作室摄于 2020 年 1 月

后记 / POSTSCRIPT

　　我在南京生活了将近五十年，南京的山山水水、一草一木、朱楼碧瓦，都给我留下了深刻的印象。我总是想着，要对南京的建筑做一个记录，或是文字，或是影像。谈到南京的建筑和建筑风光，人们必然会想到南京四十景、四十八景，为此，我踏遍了南京大多数街头巷尾、园林、楼宇……

　　南京在明代时占地面积小，仅有现代南京的千分之一，因此自然景观所占之处少，景观数量自然也少。我漫步其间，欣赏着这里"山水城林，移步换景"之美，也拍了很多著名景点的照片。旧时的四十景、四十八景，有些已经在岁月的流转中消失了，有些虽然还在，但正走在没落的边缘，当然，这也是难以避免的事。近些年来，南京又增加了许多新的景点和景观建造，这些新的景点，不只是旧时景观的补充，甚至已经远远超过了最初的四十景、四十八景。我认为，用四十八景、九十六景都难以再涵盖当下南京的景点全貌，如果可以，用一百四十八景、二百四十八景来表示或许也十分相配。

　　我所拍摄的南京建筑风光，书中所收录的南京景观照片，是 2018 年至 2023 年之间的，若干年之后，人们若是查询这个时期的建筑风光，也许我拍摄的内容可以作为一个参考。

一个城市的景观，是随着城市的发展而发展的。世界变了模样、换了人间，景观也随之变了。我相信，我也衷心地祝福，这个世界更加丰富多彩，南京的未来也愈加美好，南京的景点景观更加完美，异彩纷呈。

我设计了封面和版式，吴怡康制作了封面，朱霞、杨秀锋制作了版式。

在本书即将付梓之际，我要感谢东南大学建筑学院为本书的出版做的资金支持；感谢东南大学出版社为本书的出版做的各种努力；感谢中国工程院院士、东南大学建筑学院教授王建国为本书作的序；感谢我在南京拍摄图片期间工作室的朱霞、杨秀锋、吴怡康、许琴、张佳誉、张羽琪、江诺妍、苏睿等帮我拍摄了一些图片！

感谢所有为本书出版工作提供帮助的领导、同事和朋友！

高祥生

2023 年 5 月

内容简介

　　《高祥生中外建筑·环境设计赏析——金陵盛景·六朝新貌》分上、下两册，为作者 2018 年至 2022 年期间对南京市著名的建筑和景点进行的考察和分析，各册主题不同，分别介绍建筑、景观的建造年代、历史背景、设计风格、设计者、建筑物和构筑物的特点与规模。总结了建筑、景观设计方面的心得。

　　上册主要介绍了纪念性建筑、文化类建筑和现代建筑，如雨花台烈士陵园、侵华日军南京大屠杀遇难同胞纪念馆、鼓楼广场等。下册主要介绍了交通建筑、商业建筑、阅览性建筑、高校建筑、民国建筑和湖景环境、园林环境及植物、花卉赏析等，如南京南站、中山陵等，以及湖景、园林环境和植物花卉，内容丰富而翔实。

　　本书图文并茂，融学术性、观赏性于一体，既可以满足建筑与环境设计相关专业内容的学习需要，又可以使读者在闲暇之时一品南京的文化与景色之美。

图书在版编目（CIP）数据

　　金陵盛景·六朝新貌．上 / 高祥生著．-- 南京：
东南大学出版社，2024.4
　　（高祥生中外建筑·环境设计赏析；1）
　　ISBN 978-7-5766-1363-6

　　Ⅰ．①金… Ⅱ．①高… Ⅲ．①建筑艺术—南京—图集
Ⅳ．① TU-881.2

中国国家版本馆 CIP 数据核字（2024）第 066803 号

策划编辑：张丽萍　　责任编辑：陈佳　　责任校对：子雪莲　　封面设计：吴怡康　　责任印制：周荣虎

金陵盛景·六朝新貌（上）
JINLING SHENGJING · LIUCHAO XINMAO （SHANG）

著　　者	高祥生
出版发行	东南大学出版社
出 版 人	白云飞
社　　址	南京市四牌楼 2 号（邮编：210096　电话：025 - 83793330）
经　　销	全国各地新华书店
印　　刷	南京新世纪联盟印务有限公司
开　　本	889mm×1194mm 1/12
印　　张	136
字　　数	1077 千
版　　次	2024 年 4 月第 1 版
印　　次	2024 年 4 月第 1 次印刷
书　　号	ISBN 978-7-5766-1363-6
定　　价	1488.00 元（共 4 册）

本社图书若有印装质量问题，请直接与营销部联系，电话：025-83791830。